U0901751

海洋

深 水 探 秘

[英] 保尔 · 罗斯（Paul Rose）[英] 安妮 · 莱金（Anne Laking） 著
李力 程涛 译

江苏凤凰科学技术出版社
· 南 京 ·

OCEANS: EXPLORING THE HIDDEN DEPTHS OF THE UNDERWATER WORLD
by PAUL ROSE AND ANNE LAKING, FOREWORD BY PHILIPPE COUSTEAU

This edition arranged with Ebury Publishing
through Big Apple Agency, Inc., Labuan, Malaysia.

版贸核渝字（2016）第 170 号

图书在版编目（CIP）数据

海洋：深水探秘 /（英）保尔·罗斯，（英）安妮·莱金著；李力，程涛译. — 南京：江苏凤凰科学技术出版社，2020.9（2023.3 重印）
（BBC 科普三部曲）
ISBN 978-7-5713-1172-8

Ⅰ. ①海… Ⅱ. ①保… ②安… ③李… ④程… Ⅲ. ①海洋－普及读物 Ⅳ. ① P7-49

中国版本图书馆 CIP 数据核字 (2020) 第 095917 号

海洋：深水探秘

著　　者	[英] 保尔·罗斯（Paul Rose） [英] 安妮·莱金（Anne Laking）
译　　者	李　力　程　涛
责任编辑	沙玲玲
助理编辑	张　程
责任校对	仲　敏
责任监制	刘文洋
出版发行	江苏凤凰科学技术出版社
出版社地址	南京市湖南路 1 号 A 楼，邮编：210009
出版社网址	http://www.pspress.cn
印　　刷	上海当纳利印刷有限公司
开　　本	880 mm×1 230 mm　1/16
印　　张	14.5
字　　数	267 000
插　　页	4
版　　次	2020 年 9 月第 1 版
印　　次	2023 年 3 月第 13 次印刷
标准书号	ISBN 978-7-5713-1172-8
定　　价	105.00 元（精）

图书如有印装质量问题，可随时向我社印务部调换。

BBC科普三部曲
海洋
深水探秘
OCEANS
EXPLORING THE HIDDEN DEPTHS
OF THE UNDERWATER WORLD

目　录

CONTENTS

序

当我站在“兰斯号”的船头观测天空时，一只北极熊正迈着笨拙的脚步从我旁边走过。在过去的3个月里，我们一直乘着“兰斯号”在北极进行探险活动。它用于探险的同时，也俨然成了我们的家。虽然当时是凌晨3点钟，但在这里，我却能享受到午夜的阳光，头上是如夏天般晴朗的天空，脚下是白茫茫的冰雪大地，实在是太完美了。

当我们安全地在距离北极几百千米以南的浮冰上安顿下来时，我意识到，这次历时一年、遍及地球各大洋的长途旅行就要结束了。从墨西哥到厄立特里亚，从北极到塔斯马尼亚岛，我们不停地探索并记录下了那些隐藏在海洋深处的秘密——对于我们的团队来说，做到这些十分不易。团队成员如下：保尔·罗斯，一位无所畏惧的潜水员、探险者及领队；图尼·马托，一位勇敢的海洋学家及海洋生物学家；露西·布鲁，一位颇具开拓精神的海洋考古学家；当然，还有我。我们对科学有着相同的真挚理想，共同完成了这项伟大的探险。

极地的阳光，令我回想起了数月前离开苏丹海岸时的场景。当时，我正低着头，凝望红海那在月光下波光粼粼的海水。

探险中，我们曾经在水下与五头巨大的抹香鲸面对面地游动，也曾被成百上千的巨型食肉性洪堡乌贼[①]包围，所有的经历都令我们十分难忘。然而，经历过这些之后，我还是对苏丹有着特殊的感情。我的父亲菲利普是一名资深潜水员，45年前，他在这片海域探险时因水上飞机失事而丧生，当时我还没有出生。多年前，这里的星星曾看到过我父亲的样子；现在，我也来到了这片星空下，我不禁想知道，父亲在海洋探险的过程中都想了些什么？对于这美丽星球的未来，我们是不是有着同样的希望和设想？我知道，

① 洪堡乌贼：因其具有高度攻击性和凶猛的捕食方式而闻名，因此也被称为“红色恶魔”。一般栖息在太平洋里的加利福尼亚湾700米深的水下，能长到1.8米长，触须强劲有力，能够轻松捕获和杀死其他鱼类。

如果不停地对海洋进行破坏，我们将会承担严重的后果，那么，父亲是不是也会因此而感到担忧？父亲曾写道："生命因冒险而变得丰富又充实。"回想这一年的冒险生活，它确实令我的生命更加丰富多彩。

经过这一年的冒险之旅，我们所有人都有了相同的经历，我们经历了人生中最大的挑战，我们不仅战胜了它们，也因此变得更强大，而把我们凝聚在一起的，正是对海洋探索的热爱。图尼把这次旅途称为"朝圣之旅"，这个称呼十分恰当。对我们来说，海洋不仅激起了我们探索的欲望，更净化了我们的心灵。

海洋系统维持着地球上的一切生命。它使得气候保持稳定，为超过 20 亿人提供初级的食物来源，与此同时，海洋所产生的氧气约占地球产生氧气总量的 70%，面积也约占地球面积的 70.8%，而人类至今探索到的区域还不到 5%。正如作家亚瑟·克拉克曾经评述的："把我们的星球称作地球实在是太不合理了，它明明就是个水球。"

然而，当我们在旅途中亲眼看到我们人类的所作所为时，我们的心灵为之震颤了——地中海的金枪鱼墓地、莫桑比克大量捕获的鲨鱼鳍、北极日渐稀薄的冰盖——所有这些都在告诉我们，海洋正在发生快速的变化，而人类正是罪魁祸首。

这次历时一年的历险精彩万分，我认为其中最有价值的地方在于，我可以和其他人分享我的收获。我们捕捉到了海洋中的一些罕见景象，寻找到了浪花下埋藏的古老奇迹。事后我发现，我们看到的越多，就越觉得有必要把我们看到的告诉其他人，以免人类的行为对此造成不可挽回的恶果。因为无知和不负责任一样，都是要付出惨重代价的，有些代价甚至是致命的。所以我真诚地希望，世界上新的一代可以因同样的梦想和希望而凝聚在一起——为了我们更美好的明天，共同保护我们的海洋。

菲利普·库斯托

右页图 对于探索怀有同样热情的海洋考古学家露西·布鲁（左）和菲利普·库斯托。

封面 黄貂鱼在开曼岛清澈的海水里畅游。

Princess
Duda

引 言

尽管在开始探险之前，我们对这次历时一年的海洋揭秘行动已经做了周密的准备，但在行程开始的第一天我们还是遇到了麻烦。当队伍中的 25 名成员带着 150 个沉重的工具箱、40 个行李箱以及一个鲨鱼笼到达港口准备登船时，我们居然看不到船的影子。对于海洋探险来说，船是保障成功的最基本条件。在接下来的 15 天里，这艘名为“都达公主号”的船本应载着我们进行探险，成为我们在海洋上移动的家，可现在她却慢悠悠地在地中海航行着，要几天后才能到达。虽然我们鼓起足够勇气加入此次惊险刺激的海洋探险，但这样的开始似乎不是个好兆头。曾有那么一瞬间，我甚至有点怀疑我们这次的探险太鲁莽了。

一年的旅途结束以后，我们都认为当初设定的目标的确太宏大了。在这一年里，我们历经了暴风雨和疾病的侵袭，遭遇了设备故障和致命的事故，甚至曾近距离接触了满怀敌意的军队。

但尽管如此，在此期间没有任何一个人产生过一丝退缩的想法。这次不同寻常的探险将我们带入了海底王国，它时而迷人，时而危险四伏，我们对于那里的绝大部分地方都还是陌生的。随着探险的不断深入，我们所积累的海洋知识越来越多，却也越来越觉得自己对于海洋的认识实在是太少了。

左页图　海洋探险队在超过原定日期数日后将设备、行李以及鲨鱼笼装载到了“都达公主号”上。“都达公主号”的起航标志着历时一年的探险正式开始。

第 4~5 页图　地球表面的 70.8% 都被海洋所覆盖，地球上 4/5 的生命都生活在海洋里。在整个探险过程中，针对不同的海洋，我们一共进行了 8 次探险，潜水总数超过了 1 000 次。

我们到底知道多少

在大多数人眼里，平坦的海洋是那么平淡无奇。天气好的时候，平静的海面向地平线延伸开去，恰好成为日落时分最美丽的陪衬。然而，这看似平静的表面下隐藏的却是一个截然不同的世界。各种神奇又罕见的生物栖息其中，且无论海面以下充盈着多么活跃的生命，海面都不会因此荡起一丝涟漪。地球上 4/5 的生命都生活在海洋里，且深海中仍然有许多未知的生命等待着我们去探索。海洋里有比喜马拉雅山还要高的山脉，有比尼亚加拉大瀑布还要壮观的瀑布，有比陆地上任何一座火山都要活跃的海底火山。1993 年，科学家们在南太平洋发现了迄今为止最大的活火山群，其面积相当于整个纽约的大小，由 1 133 座大大小小的火山锥及海底山组成。其中，大洋中脊贯穿了各个大洋的海底山脉，长达 60 000 千米，平均高度达 3 000 米。海洋面积约占地球面积的 70.8%，这是一个令人难以置信的巨大空间。

当乘船或乘飞机途经海洋时，我们根本不曾在意这个别样的世界。我们似乎很难意识到海洋的存在。但是，海洋对人类来说是至关重要的。它塑造了人类的历史，也决定了人类未来的走向。在整个人类文明进程中，海洋为环球勘探提供了便利的交通条件。自古以来，海洋对商业的发展都有着非常重要的作用，历史上许多具有决定性意义的战争的主战场也都发生在海洋上。

如今，海洋内数百万吨的浮游生物正在不停地进行着光合作用，它们所产生的氧气量占了我们呼吸所需氧气总量的一半。海洋以及这些海洋生物在为数十亿人提供食物的同时，也为其提供了谋生的手段。洋流对于地球上所有国家的天气和气候都有着极大

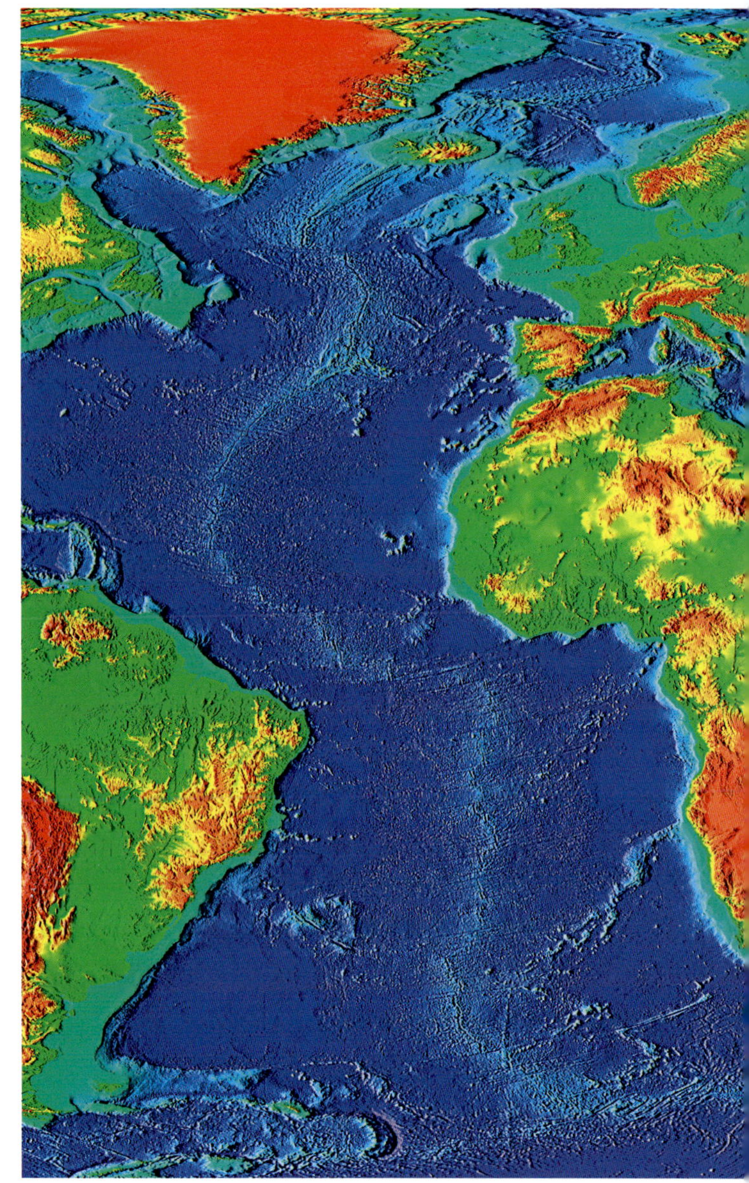

上图 这张卫星图像显示了大西洋的中海脊。这条海中山脉从北极一直延伸到南极。它将欧亚板块和非洲板块推离了北美洲和南美洲板块。

右页图 探险队成员（左起）图尼·马托、露西·布鲁、保尔·罗斯和菲利普·库斯托。

影响。

海平面的不断上升已经给许多沿海城市造成了威胁。由于溶解进海水中的二氧化碳越来越多，导致海水的酸度不断上升，水中的食物链也受到了影响。同时，海水温度的不断升高还影响了海洋系统，而由于海洋系统对全球气候起着非常重要的作用，这就有可能引起灾难性的极端天气。

尽管海洋对我们来说极其重要，但我们对它却知之甚少。实际上，我们对火星表面的了解都比对海洋的了解要多。科学家们认为，海洋里还有数百万的新物种有待我们去发现。尽管我们对地球上的陆地了如指掌，然而对海底的大部分地区却未曾知晓。

海洋探险队的勘探

既然我们对海洋的知识如此匮乏，那么现在是时候开展一系列环球海洋探险活动来了解它了，哪怕仅仅是探测其中的一小部分。

这一诱人的计划吸引了很多海洋专家，一支优秀的队伍就这样成立了。我们的队长保尔·罗斯曾是英国南极科考队的基地长官，还曾担任过美国海军潜水教练；队员露西·布鲁是一位颇有名气的海洋考古学家；图尼·马托是一位海洋生物学家及海洋学家；菲利普·库斯托是一位自然资源保护论者，也是非常著名的水下探险家雅克·库斯托的孙子。我们虽然分属

不同的专业领域，但却由于对海洋终身的热爱而聚集到了一起。正如图尼·马托所说："当我还是个孩子的时候，我就想要鱼鳃。尽管其他孩子都想要翅膀，但我就是想要鱼鳃。"

这是一项大胆到近乎狂妄的计划。在这一年里，我们在全球的七片不同的海域中先后进行了8次探险，次次都惊心动魄。每次探险都要花费至少3周的时间来准备船只及潜水装备，挑选优秀的队员进行潜水。我们拍下了探险的所有过程，以备后期制成电视系列片。我们探险考察的目的是希望发现隐藏在海洋深处的秘密，研究居住在海洋中的那些奇特生物，记录下海底正在发生着的复杂又惊人的变化。最重要的是，我们想知道自己对这神秘世界的依赖性到底有多大。

下面，简要介绍一下我们考察时的情况：

◆ 超过1 000次的潜水作业。

◆ 超过700小时的水下作业。

◆ 8艘考察船，其中包括一艘手工制作的豪华游艇、一艘经过改装的破烂货船以及一艘挪威破冰船。

◆ 一名指挥官曾被当局扣留。

◆ 一艘船被当局审查过数次甚至扣留过一次，以及不计其数的晕船经历。

除此之外，我们还曾与打捞沉船的非洲居民、厄立特里亚车队、港务局及政府部门的官员打过交道。简而言之，我们25个人带着2吨重的装备环游了世界。这些装备被我们打包、携带、航运、组装又检修，真是让人又爱又恨。

现在，我们已经掌握了关于海洋的许多有趣的资料：

◆ 海洋占据了地球99%的生存空间。

◆ 在太阳系中，地球是唯一一个表面存在液态水，也是唯一一个存在海洋的行星。

◆ 海洋的面积还在不断扩大。海底的岩石会被海水带到海岭处，在那里被打磨一新之后，会被再次冲回海沟或大陆架去。相对于不变的陆地表面来说，海底表面是时时变换着的。

◆ 最高的海浪高达30多米（从浪底到浪尖之间的距离），且出现的次数比我们之前预测的要频繁得多。这样高的海浪会对船只造成很大威胁，因此卫星正在对这类海浪进行监测。

◆ 如果将海洋中的金矿开采出来平分给地球上的人们，那么每个人将分到4千克黄金。

◆ 几乎每次深海潜水都能发现一个新物种。

◆ 每年我们都会吃掉海洋所提供的9 000万吨动物蛋白，这相当于900艘全副武装的航空母舰加起来的重量。

◆ 如果海洋温盐环流系统[①]（"环球传送带"）消失的话，那么墨西哥湾就会断流，英国的气候将会变得和阿拉斯加的一样。

◆ 地球上最古老的生物生活在海洋中。20世

① 海洋温盐环流系统：全球气候变暖导致海水在空间上存在着的温度、盐度的差异，密度发生变化，进而导致深层海水的缓慢运动，这种现象称为温盐海流。海水在某一部分形成循环，就是海洋温盐环流系统。

右页图 潜水队员们正在进行水下作业前的脚部拉伸练习。他们的水下作业时长超过700小时。

纪 80 年代，在巴哈马发现的活叠层岩[①]已经有将近 2 000 年的历史了。

◆ 我们血液中的含盐度与海水盐度一样。

◆ 如果地球上的海水全部蒸发，地球将被 50 米（半个足球场长度）厚的盐层所覆盖。

◆ 海洋的平均深度是陆地平均海拔的 5 倍左右。最深的海域是关岛附近的马里亚纳海沟，深达 11 034 米。

◆ 海洋里每个水分子的平均寿命是 3 200 年。

◆ 北冰洋的海水将在 150 年到 250 年后出现在赤道表面。这是由于北冰洋含盐度较高的海水下沉并流向热带地区的缘故。

◆ 墨西哥湾暖流每秒通过的水流为 8 200 万立方米，总流量是地球上河流总流量的 50 多倍。

◆ 海洋中所有浮游生物加起来比所有的海豚、鱼类以及鲸类加起来还要重。

◆ 那些造成赤潮的浮游生物可以产生目前我们所知的最强的毒素。这些毒素可以使人瘫痪，或者使人的神经疼痛如火烧一般。

问题比答案要多

关于海洋，还有许多东西有待我们去发现。在探险中，队员们在水下发现了一些山洞，那是现在已经消失了的古老文明的遗迹；看到了破败的城市残骸，它们诉说着古时残酷的战争；见到了一些濒临灭绝的物种，它们正在挣扎求生；还曾与海中的庞然大物同游，在它们面前显得如小矮人一般。他们潜入了完全陌生的深海世界，那里原本漆黑的海水因为一些有毒细菌而变成了紫色；在被丹宁酸[②]污染了的“怪水”中竟然还有一些奇特的深海生物存活。为了弄清楚海洋是如何形成的，他们潜入了地壳的边缘地带，在那里发现了 35 亿年前海洋中最早的生物，地壳是它们最后的藏身之地；他们还观测到了被称作叠层岩的岩石状生物，就是它们最早将氧气注入海洋和大气中去的。为了检验一种新发明的鲨鱼驱赶剂，他们潜入鲨鱼群，结果欣喜地发现这种新制剂是有效的。他们还观测到了抹香鲸的一些罕见行为。在北冰洋，他们疑似发现了一种新的片脚类生物[③]——这是一个伟大的发现，这些生物看似微小，却是北冰洋食物链中非常重要的一环。

这次探险的精彩部分远不止这些。队员们在途中曾碰到了罕见的绿眼六鳃鲨鱼；还与用喷漆压缩机和啤酒桶制成基本潜水工具的塞里人[④]一起潜过水；和可怕的洪堡乌贼肩并肩在海中徜徉。此外，他们还发现了深海热液喷口、海底火山，见到了儒艮以及瘦弱的海龙。潜水时，队员们还亲身体验了被称为“气候搬运工”的洋流的巨大威力。

① 叠层岩：出现在浅层海水中，其组织内部有颜色深层的砂，也有比较淡的一层可进行光合作用。叠层岩可以慢慢地向海水中释放小气泡，这些小气泡就是我们赖以为生的氧气。在地球形成时期，总共花了 20 亿年的时间使得氧气量达到现在的水准。而当氧气量足够时，世界开始改变，新的细胞出现再进化，从而翻开一页新的历史，而这个改变世界的功臣就是叠层岩。

② 丹宁酸：在印染行业经常用到，如用酸性染料或酸性媒染染料就要用到丹宁酸。

③ 片脚类生物：是 2006 年最新发现的海洋生物。这种深海生物发现于北大西洋的马尾藻海水下 5 千米的地方，外形类似电影中的外星生物，靠捕食同类或死鱼尸体生存。

④ 塞里人：墨西哥印第安人部落，居住在加利福尼亚湾蒂布龙岛和毗邻的索诺拉州内陆。塞里人现在从事商业性捕鱼和农业劳动，但传统上是以采集、狩猎和捕鱼为生。

右页图 潜水队员有幸潜入世界上最美的珊瑚礁中。

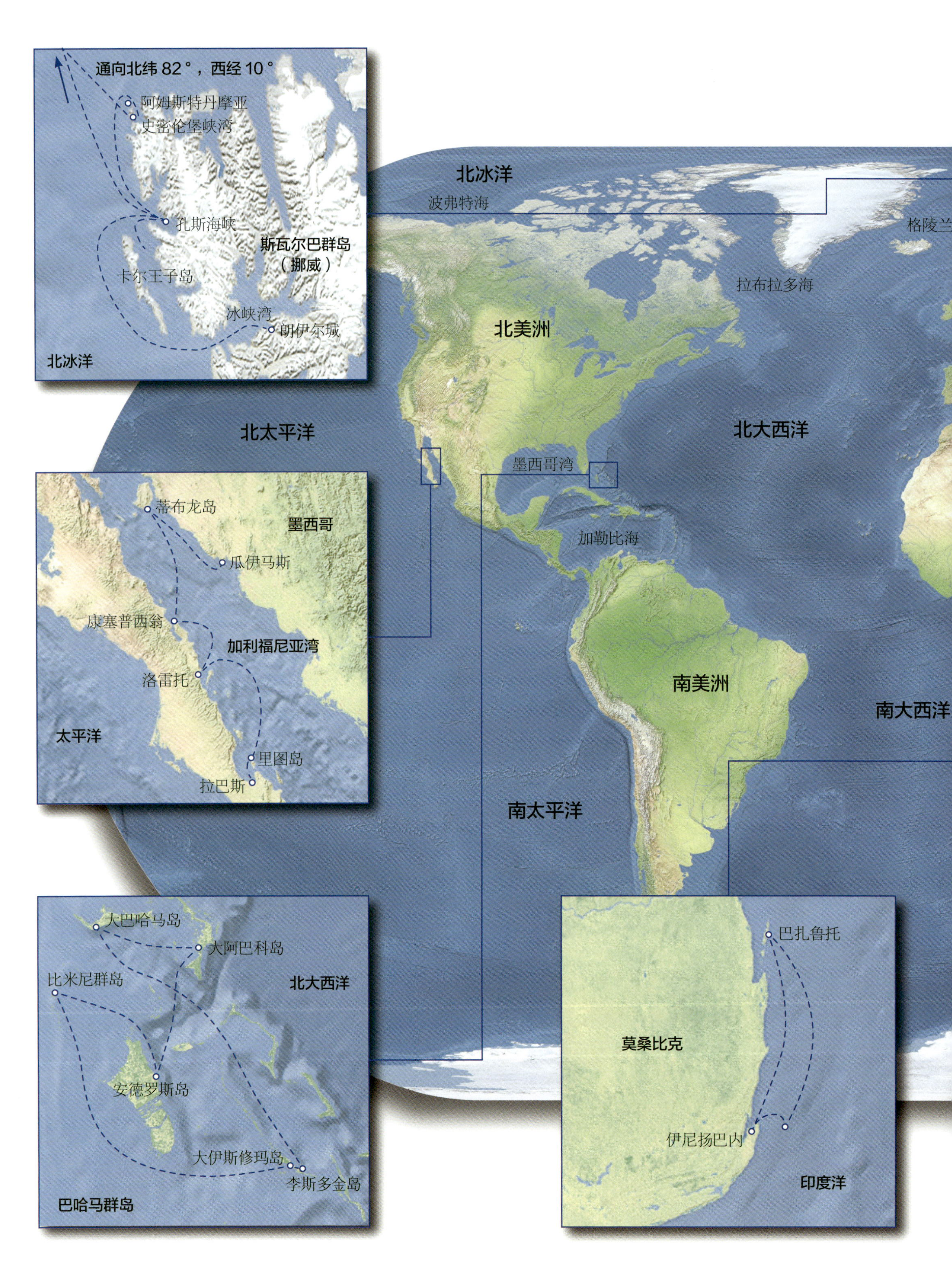

通向北纬 82°，西经 10°
阿姆斯特丹摩亚
史密伦堡峡湾
孔斯海峡
斯瓦尔巴群岛（挪威）
卡尔王子岛
冰峡湾
朗伊尔城
北冰洋
北冰洋
波弗特海
格陵兰
拉布拉多海
北美洲
北太平洋
北大西洋
墨西哥湾
加勒比海
蒂布龙岛
墨西哥
瓜伊马斯
康塞普西翁
加利福尼亚湾
洛雷托
太平洋
里图岛
拉巴斯
南美洲
南大西洋
南太平洋
大巴哈马岛
大阿巴科岛
比米尼群岛
北大西洋
安德罗斯岛
大伊斯修玛岛
李斯多金岛
巴哈马群岛
巴扎鲁托
莫桑比克
伊尼扬巴内
印度洋

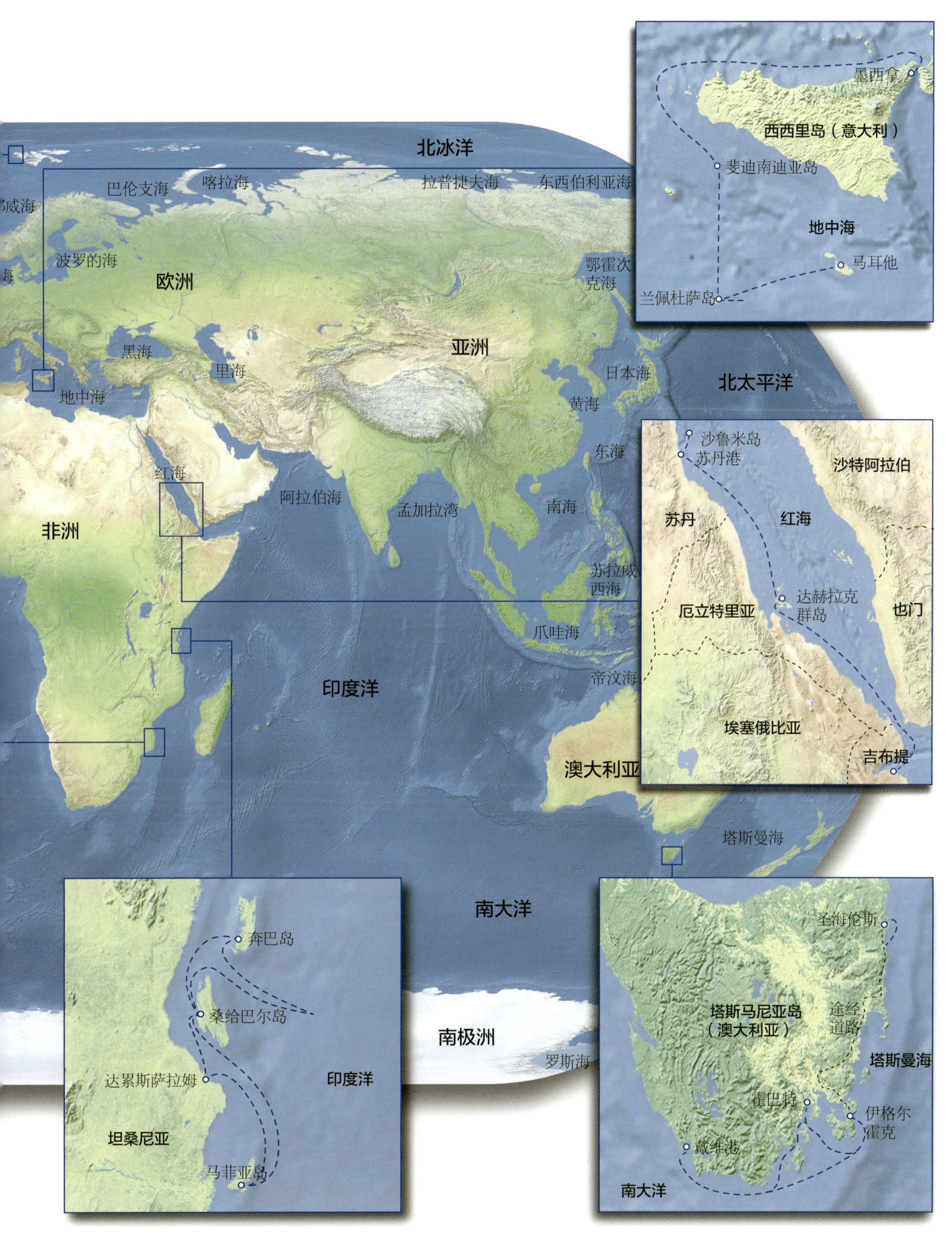

北冰洋
巴伦支海
喀拉海
拉普捷夫海
东西伯利亚海
威海
波罗的海
欧洲
鄂霍次克海
亚洲
黑海
里海
日本海
北太平洋
地中海
黄海
东海
红海
阿拉伯海
孟加拉湾
南海
非洲
苏拉威西海
爪哇海
印度洋
帝汶海
澳大利亚
塔斯曼海
南大洋
南极洲
罗斯海
墨西拿
西西里岛（意大利）
斐迪南迪亚岛
地中海
马耳他
兰佩杜萨岛
沙鲁米岛
苏丹港
沙特阿拉伯
苏丹
红海
达赫拉克
群岛
也门
厄立特里亚
埃塞俄比亚
吉布提
奔巴岛
桑给巴尔岛
达累斯萨拉姆
印度洋
坦桑尼亚
马菲亚岛
圣海伦斯
塔斯马尼亚岛
（澳大利亚）
途经
道路
塔斯曼海
霍巴特
伊格尔
霍克
戴维港
南大洋

队员们研究发现了人类活动给海洋带来的变化：海水温度的升高破坏了海洋中某些特殊的生态系统；过度捕捞几乎毁灭了整个物种；水中的污染物给食肉乌贼带来了致命的灾难。然而，他们也从中看到了希望：将某种耐热的海藻寄居于珊瑚中可保护珊瑚，甚至可以保护世界上其他地方的珊瑚；一些科学项目可以重塑海洋生态平衡。与此同时，对于不断变化的环

上图 保尔·罗斯和图尼·马托乘“奥达里斯克号”离开塔斯马尼亚岛进行观测。

第 20~21 页图 这张地图显示了七大洋及其他海域的位置，同时也标记出了海洋探险队探险时所航行的路线。

境，海洋生物也展示了它们快速适应的能力。他们还了解了“珊瑚培育园”是如何让那些破损的暗礁重新充满生机的。他们最先拍摄到了厄立特里亚珊瑚发出的荧光。对于这种现象，科学家们还没有确切的解释，只是猜测这种荧光也许是珊瑚的一种自我保护。

海洋探险队踏遍了地球上所有的大洋，造访了其中许多海域。每一片海洋、每一处海域都有着各自不同的特点，正是因为存在这些差异，才构成了神秘的海洋世界。

在含盐度很高的地中海，有波涛汹涌的海峡，也有能亲吻阳光的沙滩，那里散落着古老文明的遗迹。通过这次探险，我们了解了海洋在人类文明形成过程中发挥了重要的作用。

加利福尼亚湾中有着多种多样的海洋生物，尤以鲸、鲨鱼和海豚闻名于世。然而，我们在那里惊讶地发现，人类活动正在对这些生物造成无法挽回的影响。由于过度捕捞，双髻鲨的数量已经开始急剧下降，但我们注意到，海狮成功地适应了环境变化。

通过观测印度洋的洋流，我们可以对气候的变化进行预测，而这也是海洋探险队正在做的事。当海洋将岛屿分割开时，当灾难性的暴风雨扫过陆地时，这片波涛汹涌的海域向我们展示了它强大的力量。

红海是世界上最“年轻”、盐度最高的海。对我们来说，红海非常重要：早期，人类正是从这里第一次跨出非洲，从而踏遍整个地球的。队员们发现了先民们渡海时的遗迹。潜水员们从容地潜入温暖的海水中，自由地徜徉在板块与板块之间，但我们目前还无法预测这些板块的活动，也就无法预测灾难性的地震和海啸。队员们还曾畅游在昔日的海底村庄中，海洋先锋雅克·库斯托曾把一艘扫雷艇改装成了水下实验室，在红海里进行实验。

大西洋是世界第二大洋。虽然它幅员辽阔，但却是人类征服的第一个大洋——利用船只和飞机，人们很早就跨过了这片大洋，同时，它也成了连接不同地域和文化的“使者”。此外，大西洋还是墨西哥湾流的发源地——墨西哥湾流是世界上几大重要洋流之一。

神秘的南大洋位于大西洋、印度洋和太平洋的交汇处，是世界上碳储量最多的地方，对天气会产生一定影响。

北冰洋是世界四大洋中最小的，面积仅是美国的1.5倍。这里创造了地球上最低气温的记录，达到了冰冷刺骨的 −68℃。然而，北冰洋却是地球上变暖速度最快的地区。由于极地温度放大效应[①]的影响，气候变暖对这里的影响是其他地方的 2 ~ 3 倍。当我们在极地的冰块下潜水时，我们了解到了北冰洋所受到的影响。在我们的有生之年里，北冰洋也许会变得面目全非。

经过长达 12 个月的探险，我们都变得乐于接受挑战。我们亲眼见到了一些未曾知晓的奇闻，并将它们拍摄下来，这些事情值得人类去了解、去发现。当潜水员完成最后一次潜水时，我们并没有感到放松，也没有因出色地完成了一项工作而感到满足。我们知道，对于海洋，我们的疑问远远比所知道的答案要多。虽然我们已经比过去了解得多了，但仍然还有很多甚至是非常多的东西需要我们去探索、去发现。

① 极地温度放大效应：在被称为“极地放大”的过程中，极地变暖比热带地区更为迅速。

上图　这是地中海的卫星图，我们可以清晰地分析出，在 530 万年前，由于板块运动，大西洋东部裂开了一条窄缝，形成了直布罗陀海峡。大西洋的海水正是从这条窄缝流入，从而注满了干涸的山谷，形成了我们现在所熟知的海域。

第 24~25 页图　雅典附近斯尼旺镇波塞冬（希腊海神）神庙的日落。公元前 440 年，在另一座庙的遗址基础上，人们建造了波塞冬神庙。这里曾是礼拜的场所。如今，这里变成了旅游胜地。报道称每年都有将近 2.2 亿游客到地中海沿岸旅游。

第一章

地中海

西方文明的摇篮

1961 年，海洋地质学家威廉・B. 拜恩和资深海洋学家约翰・布兰克特・赫西带着新研发的地震剖面仪前往地中海进行海底勘探。此行漫长而艰险，而地震剖面仪所显示的一些明显异常的数据，使他们更加感到厌倦。然而，随着勘探的继续，他们发现这些看起来十分异常的数据并非错误。

虽然他们没有像预期的那样在海床发现基岩，但他们发现了与基岩完全不同的物质，这也就解释了为什么探测仪上会出现异常数据。历经 10 年的研究和 1 次深海钻井工程之后，他们终于得知，那覆盖海床的是厚度超过 2 千米的盐层。

这个发现令人十分震惊。盐层的厚度几乎和阿尔卑斯山的高度一样，而这也就意味着，这片约 251 万平方千米、容水量达 458 万立方千米的地中海曾经干涸过。当科学家们将地质数据整合起来后，神奇的故事开始了。

板块运动

大约在 600 万年前，非洲板块和亚欧板块移动并撞到了一起，这使得当时的特提斯海被陆地所环绕。由于临近的大西洋的海水无法流入这里，特提斯海的海平面开始急剧下降。此外，由于从河流注入的水量远远小于其表面的蒸发量，因此在大约 2 000 年之后，这片广阔的海洋慢慢消失了，留下的仅仅是厚厚的盐层。所有的海洋生命也随之灭绝，深邃又干旱的山谷将非洲、欧洲和亚洲隔断。

在此后的 20 万年间，这片南邻阿特拉斯山脉、北接阿尔卑斯山的土地一直维持着

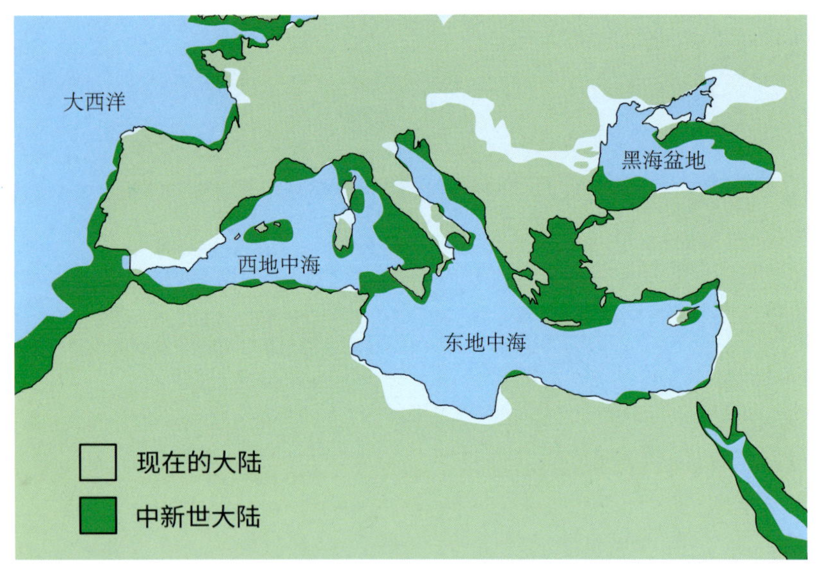

上图　特提斯海（以希腊海洋女神的名字命名）由东地中海和西地中海组成。最初，它将北部的劳亚古陆和南部的冈瓦纳古陆隔开。大约 600 万年前，两块陆地漂移碰撞到一起，切断了这片海水的水源。之后不到 2 000 年，这片海域就消失了。

这种低洼贫瘠的状态。最终（大约530万年前），强烈的板块运动形成了直布罗陀海峡。大西洋的海水通过海峡灌入山谷，100 多年后，形成了现在我们所熟知的地中海。

那是一个火热又尘土飞扬的六月天，我们抵达了地中海。首先，我们需要到西西里的墨西拿港口乘坐我们的“都达公主号”。对于大多数英国旅游者来说，地中海阳光普照的海滩和闪闪发光的蓝色海水给他们的假期留下了美好的回忆（其实这片海洋远不止是度假胜地，它还蕴藏了丰富的文化遗产，包括埃及文明、米诺斯文明、两河流域、腓尼基，以及希腊和罗马在内的整个西方文明都与这里有直接关系）。我们此行的目的，就是想了解地中海是如何孕育人类的早期文明的。

出发探险之前，我们需要弄清楚一个细节——船。墨西拿港口砂石遍地、酷热难耐，海岸边停泊着许多不同的船只——闪闪发光的巡洋舰、供游客一日游的小船、渔船、巨大的跨地中海邮轮、帆船，甚至还有冲浪板——但唯独没有我们的“都达公主号”。当我们背着 150 箱沉重的设备在港口等候时，她却还航行在地中海中，要几天后才能到达。还好，我们的等待地点环境并不是十分恶劣，况且再多的抱怨也不能加快她到来的速度。

最终，我们的探险开始了。我们此行的目的是了解这片海洋与人类的关系。当然，并不是在墨西拿港口做研究，而是在一个被淹没的神秘山洞里，它在更靠西边的巴利阿里群岛上。我们顺利出发了。

洞中探秘

为了了解地中海早期的历史，我们需要潜入海中，找到一个很特别的水下洞穴。奇怪的是，水下洞穴考洼格林达的入口在陆地上——距离波尔图克里斯托不远处的马略卡岛海岸附近有一个巨大落水洞[①]，宽 30 米，深也有 30 米。这一落水洞的底部就是一个大型的深海山洞群的入口。

山洞表面的水来自降雨或者河流，因此这里的水是淡水。但是由于一种被称作“海洋盐跃层”的现象，水面以下几米深的地方变得一片漆黑。当两种不同密

① 落水洞：地表水流入地下的入口，表面形态与漏斗相似，是地表及地下岩溶地貌的过渡类型。

度的水混合时，会变得像是盘旋着的石灰。在这里，表层的淡水和深层的海水混合，形成了这种奇妙的盐跃层现象。这一迹象也表明，这些山洞确实是通往海洋深处的。

这里是世界上最大的深海山洞群，里面的构造令人叹为观止。起初，我们在狭窄的岩石通道内游动既危险又费劲，但突然间，山洞前方出现了一片开阔又壮观的空间。山洞壁上有一些透明的沉淀物，在电筒光的照射下闪闪发光。一些岩石从山洞的顶部和底部向外伸出，造型十分精致。这里简直就是一个天然的展览馆。

最令我们感到奇怪的是，这些鬼斧神工的构造是完全不应该出现在这里的。含钙质的水在滴落过程中蒸发才会形成这些从山洞底部向上伸出的石笋，或者自上向下头部尖尖的钟乳石。问题在于，蒸发只会发生在空气中，但这些山洞却是在水下的。

原因只有一个，那就是在过去的某段时间里，这些山洞是极其干燥的。碳定年显示，这些洞中细长的沉淀物大多已有 80 000 ~ 143 000 年历史了，这意味着，它们形成于一个冰期的结束和下一个冰期到来期间。在冰期时，海水在两极形成了高达几千米的冰川，致使地球上的海平面急剧下降——这就解释了为什么这些山洞曾经干燥过。

除此之外，这些山洞还有其他令人惊叹之处。潜水员发现了一些之前从未见过的球根状钟乳石，它们很像生长在茎上的巨型黑莓。这些结构表明，地中海的海平面曾不停地变化过。这里的每一个“圆球”都富含矿物质，据了解，它们必须在海水表层形成，且需要空气和水才能生长，因此，只有海平面一升一降才会有新的结构生成。这些圆形钟乳石极其罕见，它们记录了海洋的变化。海平面的起伏源于一些气候变化（包括变暖和变寒），而不是因为冰期的到来。

我们在地中海似乎看到了一幅古时候有趣的画面：那时的海洋比如今的要浅得多，这些山洞里还没有水，它们还在高高的海平面之上，而不是在海洋里。

这也可以解释这一山洞系统中其他的一些考古发现。例如在 40 年前，人们曾在这里发现了史前鹿的化石，但现在这种鹿已经灭绝了。大约 5 000 ~ 6 000 年前，这种鹿在此地的数量还很多。

下图　图尼·马托和保尔·罗斯在考洼格林达山洞中潜水时的照片。他们发现了一些石笋和钟乳石，它们是由含钙海水滴落时水分蒸发而形成的。这意味着很久以前这些水下山洞曾经是干燥的。

最早的定居者

我们在这些山洞里发现了早期人类存在的证据，

这也许是最令人感到振奋的。我们还找到了一条用石头堆砌而成的小路的残骸，大致推断它应该建造于公元前 2000 年左右，这条路将一个叫作“考洼季诺维萨”的山洞与更高的地方相连。在这里还发现了超过 100 件的陶器碎片，这些陶器可以追溯到青铜时代。以上这些证据都清楚地表明，地中海沿岸曾经有古人类居住。

在波尔图克里斯托附近的山洞里发现的一些证据表明，马略卡岛沿岸曾有人类居住。除此之外，还有证据表明，包括黎巴嫩、巴勒斯坦、叙利亚、安纳托利亚以及两河流域北部的早期文明发源于地中海附近的其他区域。一旦人们在沿岸地区建立起群落，他们就可以利用地中海的特性在地中海的其他地方开拓殖民地。当时这片海域还很小，并且几乎是全封闭的，因此这里的海平面平静，且潮汐运动和缓。在这样的自然条件下，早期的沿岸居民可以利用芦苇甚至是原木制成的简单筏子或船只穿越这片海域。早期，人们用划桨一下一下地渡过海域，抵达了爱琴群岛、撒丁岛以及西西里岛，最终踏遍了地中海长达 46 027 千米的海岸线，随处安家，靠海而生。在铁器时代和青铜器时代，这样的散居现象的确存在过，有很多考古学证据可以证明。

例如，黑曜石是一种可以用来制造工具的火山玻璃[①]，这种材料产自米洛斯的基克拉泽斯群岛，但在希腊本土却发现了 10 000 年前的黑曜石。显然，它们是由早期居民在米洛斯挖出后带到希腊的。

现在，让我们回到西西里的墨西拿，我们还在等待探险船的到来。墨西拿海峡是欧洲最繁忙的海洋航路之一，每天都有邮轮和运输船在这条狭窄的海峡间来回航行，但“都达公主号”还没有现身。我们不得不找了一艘比“都达公主号”小得多的游艇进行我们早已计划好的潜水，尽管这并不是一个上佳选择。因为地中海从整体上看虽然较为平静，但墨西拿海峡却是其中最危险的一片海域。

神秘的海峡

西西里岛与意大利半岛上的卡拉布里亚之间被一片危险的漏斗状海洋隔开，来自伊特鲁里亚和爱奥尼亚的海水奔腾不息地流向这里，这里最窄处只有不到 3.2 千米，所以直到现在，在此航行还是和古时一样困难重重。

墨西拿海峡的潮汐运动每 7 小时变换一次，在此期间海水都要流经一条仅有 80 米深的狭窄水路，而其他地方的海水深度可达 2 000 米。这种剧烈的地形变化致使海水在这里积聚了足够的能量，形成了臭名昭著的旋涡以及猛烈的洋流。这片危险的水域历史上曾给船员们造成了不少麻烦，甚至有人认为这里居住着怪兽。

希腊神话中有一头名叫斯库拉的六头怪兽，她居住在意大利半岛的峭壁上。如果有水手进入她所掌控的范围，她就会吞食掉这些水手。同时，西西里有一个叫作卡律布狄斯的旋涡，威力异常强大，可以将水手吸入其中致死。荷马史诗《奥德赛》中所描述的水手奥德修斯就是通过小心挑选两个旋涡间的航路才避免被卷入旋涡之中的。

除此之外，墨西拿海峡还有更为神秘之处。它同撒哈拉沙漠一样，经常出现海市蜃楼。海市蜃楼是一种神奇的视觉幻象，当上升的热空气和下降的冷空气

① 火山玻璃：喷出或流出地面的岩浆如果很快遇冷凝固，矿物来不及结晶，就会形成玻璃质的火山岩。

上图　西西里的墨西拿港口最初叫作“新思考”(Zancle)，在当地语言中指的是长柄大镰刀，这个名字来自这个港口的自然形状。

右图　墨西拿海峡将西西里岛与意大利大陆分隔开，来自伊特鲁里亚海和爱奥尼亚海的海水在此处相会。由于海水相会时强烈的洋流作用，历史记载这片海域曾给船员们带来过不少麻烦。

深海中的现代怪兽

六鳃鲨是一种非常独特的原始动物。顾名思义，六鳃鲨有六道鳃裂，这一点与大多数鲨鱼不同，其他鲨鱼都已经进化成了更为先进的五道鳃裂。六鳃鲨的长度可达5米，6排牙齿呈刀片状，鳍上有白色的边缘，眼睛可以发出荧光。如今的六鳃鲨与2亿年前形成化石的六鳃鲨并没有什么实质的区别。

人们对于这种特殊鲨鱼的了解非常少，原因是六鳃鲨基本生活在极深的海域，差不多在2 000米以下，所以除了坐潜艇，人们是无法见到六鳃鲨的。世界上只有两个地方可以找到六鳃鲨，其中一处就是墨西拿海峡，这里的上升流可以迫使水中的生物从海底上升至接近海平面的地方。但尽管如此，见到六鳃鲨的机会依然非常渺茫，必须在春季的某个新月夜里，而且只有在潮汐运动之间的几个小时内才有可能。因为六鳃鲨在这个时候可能会游到40米深处觅食。但即使是在此时，它们的游动速度也异常快，并且它们出现的时间非常短。由于它们周身呈棕色或者灰色，而这里的水流既昏暗又翻腾不息，因此找到它们的概率更加小了。

我们已经在午夜连续进行了两次潜水，大家都已经筋疲力尽了，但始终没有看到六鳃鲨。按照当地人的建议，要想看到六鳃鲨就必须在新月夜中潜到比较昏暗的地方。作为一名潜水员，直觉告诉我，我需要在平潮期潜水，只有这样，海峡处强大的上升流才不会对我产生太大影响。因此我决定在凌晨1点30分，也就是平潮期即将结束时进行搜寻。这意味着我必须在潜水过程中加快速度以搜索更多海域。我拿到了所能找到的两个最大的氧气罐，并说服潜水店店员尽可能多地向其中充入氧气，这两个氧气罐的承压已经远远超过了安全值。这样做可以为我多争取10分钟宝贵的潜水时间。最后，我在我的负重腰带上系上了4千克金枪鱼块。也许这样可以比我之前更能吸引鲨鱼的注意力。

当我渐渐远离地中海旅游景点一贯的喧嚣，向着静谧又幽暗的海峡驶去时，我感到了一种前所未有的轻松。在进行如此具有挑战性的潜水之前，我们每个人都必须格外专心。我们也不得不格外注意岸上播放着音乐的夜店、飞奔的摩托车以及快速驶过的汽车，因为这些都会在水面上产生噪音。我觉得自己正处于不同文化的交接点，发动机的声音已经盖过了岸上的音乐声。

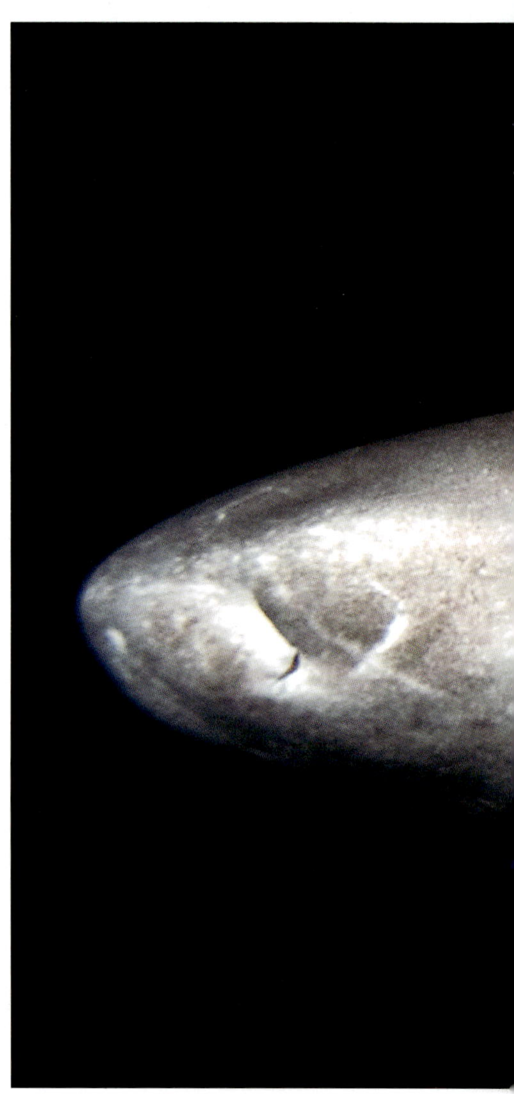

我们正航行在自古以来就令人生畏的激流中，而我们下面很有可能就有一条史前鲨鱼在游动。

我很期待能离开船只，亲身感受周边海水的浮力以及身上那沉重的装备。当我在昏暗的海水中逐渐下降，进入一个完全未知的世界时，我感到十分欣喜。当我在 40 米深处平行游动于虎钳一样的水流中时，我尚可以清楚地分辨出浅层海水的底部，但 30 分钟后，我就再也看不清了。

下图　钝嘴六鳃鲨，之所以叫这个名字，是因为它的口鼻形状十分特殊。它与三叠纪时期的鲨鱼化石极其相似。由于它居住在海洋中极深之处，且仅在夜晚觅食，因此我们对它的了解非常少。

在空中相遇时，就会出现这种奇特景象。在炎热的天气里，光的折射作用使空气像水一样闪闪发光，所以很多人会在道路上方看到小规模的海市蜃楼现象。而墨西拿海峡没有边界，因此这里的海市蜃楼规模非常大，就像透镜一样，地平线外几个不同地层的景象都被扩大化了。当周围的环境条件适宜海市蜃楼出现时，海峡周围的船员们就会提高警惕，因为那些本不存在的陆地可能会出现在他们眼前。

虽然这里危险万分，但却有一种早期的海洋居民可以在这里生活——全世界范围内能够找到它们的地方只有两处。这些居民并不是人类，而是一种比人类的出现要早得多的海洋生物。

对于我们每个人来说，能够有机会潜入海洋之中去寻找六鳃鲨，是件令人特别激动的事情。这份幸运似乎也预示着我们的探险开始转运了。“都达公主号”终于到了，但她最终停靠在了西西里岛以西的玛莎拉港口，而不是墨西拿港口。我们终于可以将那 150 箱设备搬到船上，开始向西航行了。航行途中，我们经过了拥挤的城镇以及繁忙的高速公路，每到此时，我们都很好奇，当人们刚刚在地中海的海岸和小岛上安顿下来时，他们的生活是什么样子的呢？

超级高速公路

早期的移民逐渐发展壮大，最终造就了伟大的地中海文明。人类的扩张也正是得益于这片海洋。通常来说，海洋是将人们隔绝开来的屏障。但由于地中海非常适宜航行，并且有许多自然港口以及岛屿作为停

上图　公元前 264 年至前 146 年间，占据着统治地位的迦太基人与扩展中的罗马帝国之间展开了三次布匿战争。战争中，海战扮演了重要角色。发生在公元前 256 年的艾克诺姆斯战争是海战中最为激烈的一场。这场战争使罗马最终击败了强大的迦太基舰队，获得了战争的胜利。

左页图　腓尼基的商船都是单桅杆，且配有横帆。船帆被两条系在底部边角的绳子操控，而这两条绳子则由水手操控。一旦风向合适，船长便使用船帆，一旦风停了或者转向了，他便将船帆落在甲板上，靠船桨前进。

靠点，因此它成为将人们联系起来的“桥梁”。人们可以在这里定居，进行贸易活动，还可以分享彼此的见闻。随着地中海附近的居民越来越多，贸易日益频繁，海外殖民地也得到了不断拓展，这使得地中海地区在文化和经济方面都得到了很好的发展。

对于埃及人来说，他们可以去地中海的东部地区获取木材和矿产。腓尼基人虽然被黎巴嫩的山脉所阻隔，但地中海却为他们进行贸易扩展提供了一条通道。同时，希腊人也得以在地中海和黑海诸岛以及海岸线上开拓殖民地。地中海成了一条超级高速公路，将技术以及经验传送于不同的地区之间，与此同时，人口的流动和货物的运输也异常繁忙。

几个世纪后的今天，我们在玛莎拉市迷宫一样的窄巷里摸索，试图找到通往港口的道路登上“都达公主号”。我们要前往西西里岛以西的埃加迪群岛，强大的腓尼基人曾和意大利南部新崛起的一个小国在那里展开了一场战争，正是这场战争改变了整个地中海的历史。

尽管当时各个地方的文明都在迅速发展，但是航海学却是由腓尼基人创立的。作为迦南人的后裔，这些充满进取心的腓尼基人企图将他们的贸易范围拓展到当时已知的各个地区。为了实现这个目标，腓尼基人用当地最好的香柏木制成了足以跨越地中海的精致大帆船，这些船既可以用船帆驱动，也可以通过划桨前进。

他们中的大多数都是和平的商人，毫无斗争之心，只对增加贸易、交易结算感兴趣。他们在多处建立了殖民地，包括塞浦路斯、罗得岛、爱琴群岛、撒丁岛、扎西岛，还在西班牙沿岸建立了一个大型商业性殖民地。当然，还有迦太基，也就是如今的突尼斯，它凭借自身的优越条件成了一个重要的商业基地。

出色的腓尼基人进行交易的商品包括紫色染料、陶器、玻璃、金属、葡萄酒、木材、农作物以及石油。腓尼基水手依靠星星和太阳来辨别方向，世界上最早的地图据说就是他们绘制的。他们出售自己的技术，也愿意被其他人所雇佣。除此之外，腓尼基人是最先使用字母的。我们对于腓尼基人在陆地上的活动了解很少，因为他们将这些活动记录在了草质纸卷上，而这些纸卷已经不复存在了。只有埃及和希腊还保存了一些关于腓尼基人的参考资料。

公元前 5 世纪之前，埃及人、希腊人和腓尼基人会不时地发生冲突，不过最终都相安无事。他们绝对没有想到，意大利南部的一个位于罗马的小共和国会搅乱地中海地区的政治局面——罗马的出现，使得厄运降临到了他们头上。

迦太基人的灾难

公元前 3 世纪时，罗马还不是一个海运国家。公元前 264 年，罗马和迦太基在西西里爆发了战争。腓尼基人有着充分的理由认为，他们将会是海战中胜利的一方，因为他们拥有更大的船只和更优秀的技术（这是三次布匿战争中的第一场——腓尼基在罗马语中被称为“布匿”——这三次战争使罗马获得了西地中海区域的统治权）。

经历了开始的几次失利后，罗马人开始采用腓尼基人的科学技术，改良了落后的船只，并且建造了一

右页图　图为红海湾，位于埃加迪群岛中最大的法维尼亚纳岛上。在红海湾附近，罗马与迦太基之间曾有过一场重要的海战。

座名叫“考乌斯”（拉丁语中指“乌鸦”）的桥梁。这座桥梁长达 6 米，末端装有类似鸟喙形状的大铁钉。罗马人将考乌斯连接在自己船只的船头部位，当罗马船只和迦太基的帆船距离足够近时，罗马人便伸出考乌斯，将其搭载到迦太基帆船的甲板上，这样一来，罗马士兵便可以徒步快速登上迦太基的船只。虽然迦太基人的航海技术一流，但在这种近距离的对抗上，罗马军团则更胜一筹。

公元前 241 年 3 月 10 日，一支迦太基舰队抵达了利利巴厄姆的西西里港口（现在的玛莎拉市），想要解救被罗马兵团包围的本国士兵。他们的 170 艘船上满满装载的都是带给那些饥饿士兵的货物。罗马人利用突袭战术和他们新发明的考乌斯赢得了胜利。数小时内，50 艘迦太基船只被击沉，另外 70 艘被俘获。

面对着步步逼近的危机，其他的迦太基舰队不得

下图　在距离海战发生地不远的地方，海洋探险队发现了其他一些有关人类海运的线索，其中包括两支锚：一支是属于一艘 20 世纪的船只的，另一支比第一支还要早几百年。

不利用当时偶然刮起的海风逃回了非洲。得不到必要的供给，躲藏在西西里的迦太基军队不得不投降。战后双方签订了合约，迦太基人被迫放弃了岛屿的占领权，并且付给了罗马人一笔数额巨大的赔偿款。这是一场决定性的胜利，西西里因此成为罗马拥有的第一个省，同时，这场战争也在很大程度上影响了地区间的势力平衡，整个历史进程也因此而改变。

下面有什么

在地中海的任何地方潜水，都能发现一些很重要的线索，通过这些线索我们可以了解到古代某一时期的历史。在埃加迪群岛之外水下 40 米深处，人们发现了若干世纪之前一场海战的遗迹，在那场海战中，罗马不计代价地打败了迦太基赢得了胜利。经历了时间和潮水的侵蚀，在海底发现的迦太基船只的残骸已经变得破旧不堪，但仍然可以识别出来。

1969 年，英国考古学家昂诺·弗罗斯特发现了有关这些残骸的第一条线索。调查显示，那些匆忙建造的船只在遭遇到罗马人的猛击后从船尾开始下沉。船员们似乎都带着武器弃船逃走了，留下了所携带的一些补给用品，有鹿、山羊、马、牛、猪、羊以及橄榄、坚果和水果。

在遗迹中，人们还惊奇地发现了大麻。也许在上战场前，船员们会通过咀嚼大麻来让自己兴奋。有人认为这些大麻是用来制作绳索的，但在船上已经发现了由其他材质制成的绳索，因此这种假设被推翻了。此外，并不是所有船员都逃走了，人们在压载物中发现了一具疑似是迦太基水手的尸体。经鉴定，这些残骸的处境都并不乐观，因此人们将它们从海中捞出，移到了西西里的玛莎拉海洋博物馆中。

2004 年，在同一地点，人们发现了更多的战船残骸。当地的地质学家李奥纳多·诺西塔发现了超过 25 艘战船的残骸，这些残骸都被埋在沙土下面并不深的地方。他的侄子在游泳时看到了一个模糊的轮廓，认为那是一艘船只，于是他便开始了搜索。由于这一带禁止潜水员勘探，因此这些船只的具体位置始终是个谜。这些古时的遗迹都在向我们诉说着这里的历史。

水下深处的宝藏

潜游在地中海晶莹的海水中，我们可以看到有关历史的许多快照：在离埃加迪群岛不远处我们发现了两支锚，其中一支应该是 20 世纪的一艘船只上的，另一支的历史应该更为久远，也许是 18 世纪早期的。离这里稍远一点的地方，是一个更古老的遗迹，那里曾经见证了罗马帝国获得布匿战争胜利后的繁荣景象。

海底还另有一番特别的景象。在距离海平面 25 米深处，有一堆超过 2 000 年的土罐。这些古老的容器个个都有 1.2 米高，占据了海底颇大的一片面积。我们可以利用这些土罐的形状来确定它们的年龄以及产地。这些土罐都是圆筒形，肩部呈角状，把手又长又直，剖面通常是椭圆形的，彩色的边缘上有一根微微泛光的长钉。经鉴定，这些土罐应该属于德雷斯尔 1b 型。

这里有 50 个这样的罐子，它们也许是一大批货物中残留下来的一部分，整批货物大概有 500 件。据推测，这些罐子中装有罗马红酒，在公元前 1 世纪，它们被装载在了从意大利南部出发的船只上。但另一种推测认为，这些罐子可能是在到达目的地后又被重新装入了价值不菲的鱼酱。这些有刺鼻气味的鱼酱是

上图 在一次美妙的潜水旅程中，我们得以近距离地对这些土罐进行检查。这些珍品已经有 2 000 余年的历史了，它们向人们揭示了一段激动人心的过去。潜水员发现，在某些罐子的颈部刻着“拉兹奥”——罐内红酒的制造者的姓氏。

由腐烂的鲭鱼和凤尾鱼制成的，但对于远离家乡的古罗马军团兵来说，它们则是美味佳肴。这些精美罐子的衬里材料是沥青，因此它们都是防水的。同时，为了能够充分利用空间，这些罐子都经过了精心排列，罐与罐之间仅留下很小的空隙。近距离观察后，我们发现这些罐子有轻微的受损痕迹。一些罐子的颈部刻有葡萄酒制造者的姓氏：拉兹奥。

当代的海盗行为

西西里岛西海岸外，有一个名叫法维尼亚纳的小岛，岛上有一个与该岛同名的安静小镇，小镇里的警察局有一番令人惊奇的景象：屋里的架子上有许多布满灰尘的文件，在这些文件中有一台不停闪烁着的小电视监视器，上面正播放着闭路电视的画面，时不时会有一条巨大的石斑鱼游过屏幕，偶尔也会出现章鱼甚至海鳝。

警察们可不是想要监视这些海洋生命。摄像头对准的是躺在海底的罗马货物中的圆罐残骸。多年来，大多数罐子要么在黑市上被卖掉，要么被从深海中捞出来成了装饰品。如今，这些有着 2 000 年历史的罐子的仿制品随处可见——几乎所有法维尼亚纳当地的酒吧和咖啡店的葡萄酒酒瓶都是这种形状的。

考虑到这种大规模的文物损失，法维尼亚纳当局采取了一些非常手段，他们在文物现场装上了监控器。4 台远程水下摄像机 24 小时对现场进行监控，拍摄下的画面被直接传送到警察局以及当地博物馆中。

这种保卫系统的好处是，游客们既可以欣赏文物，又不会对文物景点造成破坏。这一安排不但很特别，也非常有效。据报道，偷窃这些罐子的行为已经停止了，而到博物馆中参观的人数也增多了。

正在消失的岛屿

地中海的岛屿总是有着一定的战略意义，尤其是对于海边的城市来说。这就解释了为什么在中世纪，塞浦路斯、克里特岛和西西里岛成为基督教和穆斯林军队的战场，也解释了奥斯曼帝国是如何在吞并土耳其附近的岛屿、占领克里特岛及地中海东部诸区后兴起的。

由于火山爆发，西西里海岸外出现了一座新的小岛，对这座小岛归属权的争夺格外引人注目。随之而来的是一场重大的外交纷争。不过这场纷争来也快去也快——当这座岛屿消失的时候，关于它的一切争论也随之消失了。

1831 年夏，以埃特纳火山的隆隆声而著称的西西里岛被一连串的地震所撼动。地震摧毁了整座岛上的房屋，从南部海岸的夏卡到北部的巴勒莫都有震感。但很显然这次喷发的并不是埃特纳火山，因为火光和喷射出的烟雾都出现在距岛 30 千米的地方。

查理斯·斯温伯恩船长曾是英国海军军舰“快速号”的指挥官，他记录下了他所看到的景象：“在远处，海中央有火光。”滚烫的海水中漂浮着死鱼，空气中陡然增加的含硫化合物使水手们产生了晕眩感，一大股烟尘和火山喷射物从海中升了起来。

虽然距离第一次的喷发已经有两周时间了，但这座海底火山还在向外喷射烟尘以及一些燃烧着的物质，它们被喷射出水面，高达 20 米。距离火山最近的城镇是夏卡镇，它们之间的距离只有 54.7 千米。1831 年 7 月 16 日，另一艘名叫“安娜”的船上的指挥官在夏卡镇上也将这起喷发事件记录了下来：“黑色的烟灰和碎片掉落下来，每隔 10 ~ 12 分钟就会有爆炸发生，巨大的石砾被喷射到 5 千米的高空又落回到喷发点附近。白天这些石砾呈黑色，晚上则是红色的。”火山就这样一直喷发着。7 月 17 日（火山开始喷发 20 天后），火山堆积物已经有 9 米高了，5 天后变为 25 米。到 8 月份的时候，它的直径已经达到了 5 000 米，高度也有 70 米了。一座新的小岛形成了。

火山活动平息后，政治活动开始变得频繁起来。英国船长汉弗莱·森豪斯从马耳他越洋而来，登上了这座依旧处于活跃期的小岛。他丝毫没有在意岛上有毒的气体，直接将英国国旗插到了这座小岛上，并将这片新的领地取名为格雷姆岛，以纪念海军上将詹姆斯·格雷姆。

如果这种举动是为了激怒西西里人，那么毫无疑问它成功了。两西西里王国波旁王族的君王斐迪南二世派出了一艘船只前往还在慢慢燃烧中的小岛，用国王的旗帜换下了英国国旗，并将这座小岛命名为斐迪南迪亚。

对于这座小岛的争夺还远没有结束。由于这座小岛位于地中海中心，距离法国和西班牙南岸都非常近，因此两国都想将其据为己有。法国派出了一位名叫康斯坦特·普雷沃斯特的地质学家前往那里，他将这座小岛命名为茱莉亚[①]，以纪念其出现在海面的月份。西班牙也在为行动做着准备，一场激烈的外交风暴爆发了。

但是，就在他们为了争夺这座弥漫着硫黄味的小岛而开火前，这座锥型小岛开始下沉了。这堆松散的火成岩[②]和火山灰很快就被海浪冲击腐蚀，1832 年 1 月，这座小岛彻底消失了。

即便如此，发生在这里的离奇的地理政治事件还远远没有结束。1986 年，一个美国飞行员错把这座岛当成了一艘利比亚潜艇，对这座已经淹没在水中的岛屿进行了轰炸。在世纪之交，由于当地的火山活动变得越来越频繁，有人错误地认为这座小岛——以及这座岛的归属权问题——可能会再次浮出水面。两西西里王国波旁君王的两位亲戚制作了一块重达 150 千克的大理石匾额，并且宣布这座岛永久性地归意大利所有。这块匾额被正式安放到了这座水下岛屿上。但几周之后，这块匾额被莫名其妙地砸成了碎片——有可能是被渔具摧毁的，也有可能是被一些暴徒恣意毁坏的，但事实到底是怎样的，没有人能给出一个确切的回答。

位于西西里岛海岸外的斐迪南迪亚岛是一个特例，促使这座短暂出现的小岛形成的原因，也是地中海中许多其他的岛屿形成的原因。这里的水面非常具有欺骗性，在其平静的外表下有着不少活跃着的裂沟和大型海底火山。实际上，近期的研究发现，斐迪南迪亚岛的下方是一座更大的水下火山，而斐迪南迪亚岛本身仅仅是这座火山的顶部而已。火山底部面积比罗马还要大，顶端到海底的距离比埃菲尔铁塔还要高。

火山喷发时，海水的压力限制了爆炸的威力，在熔岩与海水接触后快速冷却的过程中会形成一层坚硬的外壳，被称为枕状熔岩[③]。熔岩持续不断地喷射出来，原来的外壳破裂后又形成了新的外壳，经过多次反复后，一座固体的岛屿结构就逐渐形成了。分布在地中海上的许多小岛都是这样形成的，例如利帕里岛、斯托龙博利岛、潘泰莱里亚岛、蓬扎岛以及桑托林岛。

处于威胁中的地中海

在地中海的岛屿及海岸上不断发展的人类文明，如今成为威胁这片海洋生态平衡的罪魁祸首。地中海的海岸上居住着 1.5 亿人，每年来到这里的游客更是多达 2.2 亿。我们来到了西西里岛北海岸的巴勒莫市以西的海域，试图探究人类活动对海洋造成的灾难性影响。

地中海曾经是被大陆封闭起来的，因此这里的海水更新速度很慢，对于污染就变得极其敏感。超过 80% 的城市污水在未经处理的情况下流入地中海中，

① 茱莉亚：在法语中指七月。因为恺撒出生于七月，他的女儿名叫茱莉亚。为了纪念恺撒，故将七月叫茱莉亚。

② 火成岩：或称岩浆岩，是岩浆冷却后形成的一种岩石。

③ 枕状熔岩：呈椭球状，并叠加在一起，是熔岩在水中迅速冷却、凝结而成的。椭球状表面是玻璃质，内部有发射状构造，外形浑圆，状似枕头，故得名。

左页图 这幅画是当代画家卡米洛·德·维托的画作，它向人们展示了斐迪南迪亚岛是由于突现的火山爆发活动而形成的。

情迷深蓝色

我喜欢手捧热茶的感觉，尤其是在黎明破晓时分，坐在海边的时候。船上的栏杆由于海水的冲刷而变得坚硬无比，起伏的海水使这片亲切的深海十分壮美。在视野范围内看不到任何陆地，氤氲着茶香，我在想，这个世界上到底还有多少我们没有探索过的地方。斐迪南迪亚岛就是其中之一，我们没有探索过它，它出现的时间很短，有着盛衰无常的历史。

我知道火山就在下面的某个地方，但是当我进入驾驶室去确定我们现在的位置时，我们的俄罗斯船长说这次潜水行动不得不取消，因为我们已经没有 AA 电池了。幸亏我喝了茶，意识还足够清醒，我明白他的意思是导航仪没电了。

斐迪南迪亚火山有 400 米高，顶部高出海平面 8 米。这座山峰实在是太大了，任何一位清醒的领航员即使是裸眼也能找到它。我把相机里的电池取出来装进导航仪。关键问题是如何在这座陡峭的海底山上找到一个好的停泊点：我们的船有可能被拽离火山，驶入更为安全的深海，也有可能被拖过危险的浅层海水而遇险。斐迪南迪亚火山所在的区域在地图上被标为“可怕的海岸”，因此我们必须非常小心地挑选停靠地点。如果现在有微风的话，事情就会变得简单多了，因为微风可以帮我们决定朝哪个方向走。但现实是，这片如镜面般壮丽的海面没有一丝起风的迹象。因此，最好的办法是在深水处将船停稳，再利用我们的小船潜入火山顶端。

这次的潜水环境非常简单，也正因如此，我觉得整个潜水过程非常美妙。我们向下潜入了美丽至极的湛蓝色海洋的中心，向着那块巨大的黑色锥状堆游去。一切都是这么简单，呈现在眼前的仅有蓝色和黑色。当我们忙着测量倾角、收集熔岩样本、读取温度度数、拍摄照片的时候，我在设想这座火山冒着热气出现在海面时威力会有多强大。当时一定冒起了大团大团黑色羽毛状的浓烟，新形成的黑色海滩上的海水也肯定都沸腾了。1831 年，当水手们看到这突现的景象时，一定感到特别吃惊。当然，6 个月后，当他们又回到这里发现这座小岛已经消失了的时候，也一定都呆住了。这座小岛是由火山爆发时产生的火山灰与海水混合而成的，经受不住海浪的冲击，就这样被冲走了，留下的仅仅是它在苏醒时未曾达成的归属协议。

尽管这里曾经发生过剧烈的地质事件，并且引发了那场可笑又离奇的岛屿归属权的政治斗争，但当我处在这片由黑色和蓝色组成的海域时，我想的是，在人的一生中，能处于这样一个简单的环境真是太难得、太珍贵了。这里的环境深深地吸引了我，抚平了我的情绪，带给我力量——只有在深海潜水、极地、海洋、沙漠以及高山之上，我才会产生这样的感觉。

上图　保尔·罗斯，海洋探险队队长，潜水员之一。

左页图　海洋探险队的潜水员在研究斐迪南迪亚火山的斜面。这斜面曾经十分陡峭，现在却十分平缓。

包含硝酸盐、磷酸盐以及杀虫剂等的农业用水也对海水造成了污染。此外，每年来往的海运船只都会向海洋中泄露 600 000 吨的原油。

这些污染所造成的后果是非常严重的，许多物种都已经濒临灭绝，其中包括僧海豹、红海龟甚至是海草。然而，污染只是导致这些问题的其中一个因素，另一个重要因素则是人类无法满足的贪欲。

在长达 12 000 年的时间里，人类与海洋的相处都颇为和谐，海洋为人类提供了食物来源和谋生手段。如今，由于人类对海洋无情的开发，这种和谐关系被打破了，许多物种都遭受到灾难性打击。地中海 900 种已经发现的物种中，有 100 种都因为商业目的被人类所捕捞。每年全球有 130 万吨鱼被捕捞，尽管地中海仅占地球海洋的不到 1%，其鱼类打捞量却占了 10%。

大西洋蓝鳍金枪鱼是受伤害最为严重的物种之一。这一美丽的鲭科动物是金枪鱼物种中最大的一种，长度达到 4 米，重量可达 679 千克。千百年来，金枪鱼，尤其是蓝鳍金枪鱼，一直都是地中海文化中的一部分。西西里岛外的一座小岛上有一幅公元前 10 000 年的洞穴壁画，画中就有一条蓝鳍金枪鱼。画中的细节显然不是对海中的金枪鱼观察所得，这条金枪鱼必定是被打捞上岸并且被吃掉了。公元前 5000 年，古埃及纸草上的象形文字记录了一些基本的捕鱼技术。更早些时候，希腊的花瓶上也描绘有鱼在市场上被切开的场景。罗马历史上更是有详细的关于鱼类交易及鱼制品的记载。

公元前 8 世纪，荷马在《奥德赛》中对这种鱼进行了描写。公元前 350 年，亚里士多德也精确地记录下了它们的迁移以及产卵过程。“金枪鱼”（tuna）一词来源于希腊语“to rush”（冲）。它们在海中游动的速度非常快，追捕猎物时的速度可以和猎豹相匹敌。

2 500 年以来，蓝鳍金枪鱼一直是地中海人的主要食物。大多数时候，它们的数量并未明显减少。但近 30 年来，情况发生了变化。随着日本盈利颇丰的寿司和生鱼片市场的出现，人们对金枪鱼的捕捞变得越来越频繁。新发明的大型围网——跟在船只后面捕获大量鱼类的大型渔网——更是使捕捞量增加了 80%。

金枪鱼的困境

我们来到了西西里北海岸，对一种更加让人担忧的情况进行了调查——金枪鱼市场的出现。在船上，我们仅能看到露出海水表面的巨大圆形围笼的顶端，潜入海中后我们才知道这些水下笼子的真实规模。这些笼子有 50 米宽，每个笼子里都关有 300 ~ 400 条金枪鱼。活的金枪鱼被巨网缓慢地拖入这些笼中，在卖掉它们之前，人们会用多脂鱼喂养它们几个月来增加它们的体重。这景象震撼了潜水员的内心。与在海里自由游动不同，困在笼子中的金枪鱼只能不停地呈圆圈状游动。

地中海共有 40 处类似这样的场地，每个场地里都有 6 ~ 10 个大型的笼子。由于每条鱼可以带来高达35万元的收入，因此这是一项非常有利可图的产业。但这种产业的发展对于该物种来说却是灾难性的。笼

右页图　是阿尔巴尼亚的都拉斯海滩地中海周围的海滩在全世界都非常有名。专家们认为这种知名度带来了灾难性后果，因为人越多意味着污染越多。对于海底奇珍越来越大的需求以及随之而来的对鱼类的过度捕捞，对一些海洋物种产生了毁灭性影响。

现在，未经处理的污水及过往船只溢出的原油严重破坏了被陆地包围的地中海。左页上图所示的海草为物种多样、丰富的生态系统奠定了基础。但海洋探险队的潜水员发现，由于人类活动的影响，这些海草面临着消失的危险。红海龟（左页下图）以及僧海豹（上图）同样是因污染而濒临灭绝的两种生物。

第 50~51 页图　直布罗陀海峡位于欧洲（左边是西班牙）与非洲之间，最窄处只有 13 千米。在表层，海水不断地从大西洋向东流入地中海，而地中海流出的海水含盐度比较高，因此，海水在接近海底的地方流出地中海的过程中，含盐度不断降低。

上图 壮观的金枪鱼群。蓝鳍金枪鱼现在正因商业性捕捞以及生长缓慢等原因而面临灭绝的危险。

右页图 正如这个希腊花瓶所示，7 000 年来地中海都是附近地区人类食物的来源。如今，过度捕鱼对这里的海洋生物造成了非常严重的影响。

中有许多不能繁殖的幼鱼，这使得金枪鱼的数量急剧下降。

2003 年，为了控制金枪鱼贸易而成立了大西洋金枪鱼类保护委员会，规定每年金枪鱼的捕获量不能超过 18 301 吨。然而，委员会成员认为，过度捕捞现象非常普遍，有些地方的捕捞量甚至超过了科学建议捕捞量的 2 倍，蓝鳍金枪鱼的数量仍在减少。此外，地中海的金枪鱼市场能够容纳定额数量2倍的金枪鱼。如今，这些曾经被荷马和亚里士多德赞美过的蓝鳍金枪鱼，正因商业性捕捞以及生长缓慢的原因而面临灭绝的危险。

这种事情在地中海屡见不鲜。过度捕捞正严重影响着位于食物链上层的海洋生物。在捕捞蓝鳍金枪鱼的同时，很多小一些的鱼类也被捕捞者一并捕获，但随后这些鱼就被遗弃了。没有了这些小鱼作为易得的猎物，大型鱼类以及海洋哺乳类动物很难生存。海豚和阔口真鲨正面临着死亡威胁，海龟也时常遭到伤害或捕杀。

30 年前，雅克・库斯托在地中海上拍摄一系列影片时，发现了一处特别的海域，那里的海洋生命力旺盛，生物种类也非常多样，还有许多海中所独有的生物。如今，当他的孙子菲利普・库斯托作为海洋探险队的一员和我们一起潜入海中时，我们看到的是一片贫瘠的海域，并没有我们想要看到的鱼类、大型浮游生物以及丰富的海洋生命，这说明现在的情形已经变得十分危急，地中海东部已经可以被称为“海洋沙漠”了。

对于我们来说，这样的结局足以使我们警醒。对于大多数人来说，地中海只是个舒适的度假胜地，但现在我们却看到了它较为阴暗的一面，这才是真正的地中海。这里曾是西方文明的发源地，而今却在承担现代文明带来的可怕后果。我们惊叹于海洋中多种多样的生物，那是海洋自身巨大创造力的结晶，而今海洋却因面临着生物灭绝的威胁而变得黯淡无光。

上图　巴哈马群岛的卫星图。墨西哥湾暖流将大量养分带到了这片海域，这里被称为“鲨鱼伊甸园”。

第 54~55 页图　一条黑尖鲨漫游在步行者海湾的浅水中。巴哈马海域生活着 40 种鲨鱼，黑尖鲨是其中的一种。

第二章

大西洋

阿特拉斯之海

邪恶、强壮、凶猛、诡秘……当形容海洋中的绝对主宰者——鲨鱼时，大部分媒体总会用到这样的字眼。在全世界范围内，一共有超过 400 种鲨鱼。早在恐龙出现之前，鲨鱼就已经出现在海洋中了。它们对海洋的变化有着超强的适应性，在长达 4 亿年的漫长时间中，它们几乎未曾发生任何改变。

很少有其他生物可以像鲨鱼这样令人谈之色变。鲨鱼常常被强加上“食人动物”的头衔，以至于它们的凶残和嗜杀性都被夸大了。尽管鲨鱼确实在人类游泳、潜水和捕鱼时发起过攻击，但这些事件发生的概率都很低——因此而致死的更是少之又少。根据全球鲨鱼攻击事件年报的记载，2007 年共发生了 71 起人类无故遭遇鲨鱼攻击的事件，其中仅有一起造成了死亡。然而，在同一年里，人口只有 400 余万的新西兰因溺水而死的人数就达到了 110 人。实际上，只有少数鲨鱼会攻击人类，其中包括大白鲨、虎鲨以及白真鲨，而死在人类手上的鲨鱼数量则有数百万头之多。

当我们提到鲨鱼时，一般联想到的都是它们的鳍、牙齿以及颌部，但实际上，它们在海洋生态系统中扮演着至关重要的角色。尽管如此，鲨鱼还是无法摆脱“海洋攻击者”的名号。如今，随着人类对海洋的侵占，鲨鱼正面临着生存威胁。只有在“鲨鱼伊甸园”巴哈马群岛（巴哈马群岛位于大西洋的一个角落里），鲨鱼才可以得到庇护，获得真正的自由。不管是人类还是鲨鱼,都被那个地方深深地吸引着。海洋探险队来到了这个“鲨鱼伊甸园”，试图令这片海域变得更加安全。

巴哈马群岛位于距离佛罗里达州东南部 800 千米的地方，由 700 座岛屿和沙洲组成。这里的海水清澈、湛蓝，并且富含营养，最重要的是，这里还没有受到工业发展所带来的影响。巴哈马海域有超过 40 种鲨鱼，其中包括柠檬鲨、大型双髻鲨、白真鲨、黑尖鲨、灰鲭鲨、丝鲨，以及铰口鲨，甚至还有迁移而来的大青鲨和大量鲸鲨。

巴哈马群岛海域最常见的鲨鱼要数加勒比礁鲨、虎鲨、白真鲨和双髻鲨了，这里也因为拥有种类如此繁多的鲨鱼而成为一个著名的景点。造成这里鲨鱼种类繁多的原因主要有两个，一是因为墨西哥湾暖流将大量的营养成分带到了这片水域，二是这里的许多小岛上都设有专门的保护区域，为鲨鱼及其后代提供了适宜的生长环境。许多鲨鱼都出生在这里的礁湖中，长大之后，它们又在相同的地方产子。但是，这种看似悠闲的画面之下，隐藏着一个令人震惊的现实——一些鲨鱼正在濒临灭绝。

处于险境中的鲨鱼

每年都有多达 1.2 亿条的鲨鱼面临死亡——其中绝大多数都死于过度的商业捕捞——某些种类的鲨鱼数量正在急剧下降。例如，在 30 年前，长鳍真鲨的数量很多，而现在，由于人类对长鳍真鲨的鱼鳍的需求不断增长，长鳍真鲨正面临灭绝的危险。面临同样危险的还有路氏双髻鲨——由于鱼翅是一种价格不菲的亚洲美食，为了满足对于原料的需求，这种鲨鱼都大量捕捞。除此之外，大西洋上遍布的捕鱼生产线还会意外捕杀一些鲨鱼，这些生产线是大型商业捕鱼工业的一部分。科学家警告说，鲨鱼在 10 年内就可能消失殆尽，其中一些生长缓慢或出生率相对较低的种类则会彻底消失。

我们准备前往比米尼群岛，那里有一座比米尼野外生物站，当地人称之为“鲨鱼实验室”，我们要与在那里工作的科学家们见面。这些科学家正在研制鲨鱼驱逐剂，他们认为这种新发明将会起到保护物种的作用。一条鲨鱼死亡后，一群海洋生物会前来分食它的肉，但其他的鲨鱼却会离这条死鲨远远的。据此，研究员们认为鲨鱼的尸体会向其他鲨鱼发出一种化学信号，这种信号具有驱赶鲨鱼的作用，比如警告其他鲨鱼附近有危险。受到这个场景的启发，科学家们研制出了一种与之相似的化学物质，希望可以达到同样的效果。我们领取了这个任务：在活鲨鱼身上测试这种新研发的驱逐物。如果它有效的话，这种表示“远离”的气味可以添加进防晒油或者潜水衣中，这样一来游泳者就不会再受到鲨鱼的错误攻击了。

首先要进行测试的是一种由金属合金制成的电磁驱逐物，这种驱逐物可以防止鲨鱼被金属长线钩所擒。我们捕捉了一只年幼的柠檬鲨，并让它保持静止状态：只要将鲨鱼在水中翻转至背部朝下，鲨鱼就会处于一种类似昏迷的状态中——当然，这个不能在家中轻易尝试。这种方法如此简单，估计读者会感到十分惊讶。刚开始，这条鲨鱼不停地扭动身体想要逃脱，但当我们将其身体翻转过来时，它就一动不动了，并且浑身

右页图 鲨鱼是地球上令人望而生畏的生物之一，它们被强加上了“海洋杀手”的称号。尽管如此，我们的潜水员在一段时间之后还是适应了这种被成年鲨鱼包围的场面，显然这些鲨鱼对于人类的到访也表现出了兴趣。

第 60~61 页图 加勒比礁鲨是这片海域中最为常见的鲨鱼之一。礁鲨可以长到 3 米长。为了寻找珊瑚礁鱼、鳐鱼以及螃蟹等食物，它们成群结队地来到了浅海中。

上图　通常吸引鲨鱼所采用的方法叫作“鱼饵诱鱼”，即在海中晃动一个鱼饵球。当海洋探险队想要测试新研制的化学驱逐剂时，这种诱鱼法创造了奇迹。

左页图　尽管商业性捕鱼捕杀了大量鲨鱼，但还有许多鲨鱼是在被意外捕获后，死于这种长线或网中的。这些工具来自一些贪婪的商家。

松软，对外界的刺激毫无反应。我们还没有完全弄清楚造成这种现象的原因，但在这种情况下，即使是食物也无法使鲨鱼从昏睡状态中醒来。利用这种方法来测试新研制的驱逐物不会对鲨鱼造成任何伤害。接着，我们轻轻地将这种电磁驱逐物移动到鲨鱼口鼻部下方，那里是鲨鱼电感最敏感的部位。这种驱逐物的效果立竿见影。鲨鱼在瞬间就苏醒过来了，通过猛烈的身体摇动挣脱了束缚，并迅速游走了。第一个测试成功。

第二次测试更加危险。这一次，潜水员将会进入公海中，先吸引鲨鱼包围自己，然后再释放一种液态的化学驱逐剂。海洋探险队用常用的方法来吸引鲨鱼——鱼饵诱鱼法，也就是在水中晃动诱饵球。很快，海中便聚集起了疯狂觅食的鲨鱼，其中大多数是加勒比礁鲨，在附近还发现了大一点的虎鲨，它们正在朝研究站靠近。尽管我们确信，鲨鱼在没有被激怒的情况下很少袭击人类，但潜水员们在进入挤满成年鲨鱼的海中之前，还是感到了不安，因为他们仅仅携带了这种新型驱逐剂的试验品。

在水下，鲨鱼看上去十分漂亮，它们围着潜水员一圈圈欢畅地游动，身体构造完全符合流体力学原理，因此拥有令人叹服的速度和灵活性。偶尔，大鲨鱼会接近潜水员并轻推他一下，或者试探性地咬一咬潜水员的脚蹼。鲨鱼是靠嘴巴来感觉外界的，它们对潜水员这样做是想要识别一下出现在外界环境中的新事物。渐渐地，越来越多的鲨鱼开始对潜水员表现出兴趣，是时候测试这种驱逐剂了。此时，水下已经形成了厚达 2 米的鲨鱼层，喷洒液体似乎并不能妨碍这些动物对于食物的关注。然而，当驱逐剂开始扩散时，鲨鱼都调头游走了。这个场面实在是太惊人了。很明显，鲨鱼对于这种化学物质做出了反应，它们居然停止了觅食。片刻间，这片海域就变得空荡荡了。这种驱逐剂给人留下了深刻的印象，也给未来带来了希望，人们也许可以凭此找到一种方法，使人类与海洋中这些强大的野兽之间建立起更为和谐的关系。

失乐园

巴哈马群岛果然是名副其实的休闲胜地。这些热带岛屿沐浴在灿烂的阳光下，四周的海水清澈而平静。这样的环境很容易让人们陶醉，忘记这片海域所属的

海洋其实是世界上最不平静的。前方等待我们的，将是一场刻骨铭心的旅途。

仅仅几天后，我们乘坐的“加勒比探索者号”就在巨浪中颠簸、摇晃个不停，我们不得不寻找一个避风港，在那里等待暴风雨的结束。甲板下，即使是队伍中最坚强的队员也在铺位上低声哭泣，眼睁睁地看着我们的船只在大西洋的暴风雨中摇摆倾斜。

大西洋的名字来源于希腊神话中的一位巨人——阿特拉斯。公元前 450 年，希罗多德曾提到，大西洋名字的意思是“阿特拉斯之海”。大西洋广阔无垠，覆盖了地球 1/5 的表面积，比美国国土的 6 倍还要多。论面积，只有太平洋可以超过它。尽管它的面积如此之大，但它却是一片相对“年轻”的海洋。1 亿年前，盘古大陆①分裂开来，形成了美洲和非洲，大西洋随之出现。大西洋的生长来源为大西洋中脊，这里有一座巨大的海底山脉，它高出海底 2 500 米，从北极一直延伸到 16 000 千米以外的南印度洋。这个长度相当于安第斯山脉、落基山脉以及喜马拉雅山脉加起来的 4 倍。

大西洋以其猛烈的暴风雨、汹涌的潮水及猛烈的海风闻名于世。世界上最高的海浪出现在大西洋的芬地湾，这片海湾将新不伦瑞克和新斯科舍隔开。某些时候，三层高的楼房在这里的海浪面前都会相形见绌。

当我们的“加勒比探索者号”终于顺利地到达一座小岛避风时，天已经黑了下来，但暴风雨却没有一点减弱的迹象。根据气象预报的预测，未来几天将会有飓风出现，这次探险因意外的恶劣天气而陷入危险之中。

① 盘古大陆：是全陆地的意思，是指在古生代至中生代期间形成的那一大片陆地。由提出大陆漂移学说的德国地质学家阿尔弗雷德·魏格纳提出。

左页图　巴哈马沙洲典型的平静安逸的景象，这些双排沙洲位于排列并不整齐的列岛上，看到此景，人们很难相信这片海域竟然是世界上最狂暴的海域之一。

右图　美国国家航空航天局的卫星图像能够显示出大西洋上任一时刻的天气类型和风向风力。橙色圆圈代表飓风暴雨，紫色代表中速风，蓝色代表小一些的风，白色箭头表示风向。

狂风之力

狂风巨浪和巴哈马风景明信片上所印的景象形成了鲜明的对比。这里的风浪实在是太大、太急了。世界上最强、速度最快的洋流——墨西哥湾暖流——就是由这片群岛独特的地质条件所引发的。

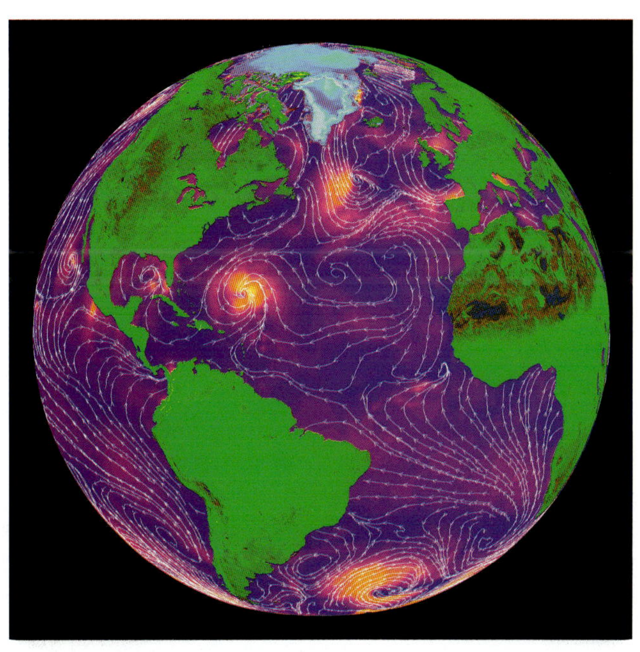

墨西哥湾暖流形成于墨西哥湾，但在巴哈马这里，它才真正得到了力量。在巴哈马群岛和佛罗里达海岸之间有一条狭窄的航道，航道周围被坚硬的碳酸钙岩

石环绕着。当温暖的海水从南边的墨西哥湾流进来时，必须要通过这条约 100 千米宽的航道。因此，每秒都有将近 8 200 万立方米的海水——相当于尼亚加拉大瀑布流量的 15 倍——从这条窄路挤出。这里就像是一个筒，用强大的力量将温暖的海水“喷射”到大洋中，这样就形成了墨西哥湾暖流。

在这股强劲力量的推动下，墨西哥湾暖流流向了美国东部海岸线以及纽芬兰岛，跨越了大西洋 8 000 千米海域。当到达北大西洋中部时，暖流一分为二，其中一条向欧洲流去。由于墨西哥湾暖流在向北流动时不断地向沿途的空气中释放热量和水分，因此沿途区域的气候温暖而湿润。这股暖流所含的热量大得惊人，是全球能源需求量的 100 倍。当其将热量释放到北欧国家附近时，那里的气候发生了戏剧性的变化，气温升高了 10℃之多，这使得棕榈树都可以生长在西苏格兰的土地上。如果没有这股暖流，一年中的大多数时候这里都将被冰雪覆盖。

墨西哥湾暖流向南的分支在流到西非后，重新循环流回了加勒比海，与之合并形成了北大西洋副热带环流。这部分暖流还有一个重要的作用，就是将温暖的海水带离赤道，以防止热带地区过于炎热。

墨西哥湾暖流除了可以改变地球上很多地方的气候之外，还是一条“海上调整公路”：将植物的孢子、动物幼体甚至成年生物带向很远的地方。除此之外，海洋探险队还发现，墨西哥湾暖流还是一条传送文明的高速通道——将人们从千里之外带到新的地方安家。

因为暴风雨，我们耽搁了好几天的时间，最后，最危险的时刻终于过去了。我们的目的是要探索大西洋的这片海域，看看为什么大西洋是地球上对我们最具影响力的海洋。一天早晨，天空终于变得清亮了，大海也泛起了蓝色的光亮。我们终于有机会去见识一下海洋中种类繁多的生物了。

珊瑚礁中的猎手

大西洋众多美丽的物种中有一些不速之客。近日，这里来了一个致命的侵略者，它对大西洋西侧的鱼群和生态系统造成了巨大的威胁。我们的下一个探索任务就是去调查这个侵略者所造成的破坏。

这个侵略者就是外形漂亮但却足以致命的狮子鱼。这种外表美丽的鱼长有艳丽的扇形鳍，鳍的边缘部分皱起，使它们显得比实际要大得多。这种看似柔弱的外表掩饰了它们的本性，实际上，它们是海洋中毒性最强的生物。它们的背上有一排含有毒素的刺，海洋生物被它们刺到会立即死亡，人类被刺到也会有剧烈的疼痛感并产生红肿。虽然对于人类来说，这并不是致命的，但一些渔夫在被刺后宁愿选择自杀也不愿忍受狮子鱼的背刺所带来的疼痛。

在大巴哈马岛附近造成真正危险的并不是这些狮子鱼的毒液，而是它们在这里出现的事实。狮子鱼原本是印度洋和太平洋海域独有的动物，除非在鱼缸里，否则很难在别处见到它们。20 世纪 80 年代，一条狮子鱼戏剧般地出现在了距离它们的生活环境千万里之外的大西洋。它是怎样到那里的直到现在还是个谜。非洲和美洲大陆就像屏障一样阻碍了海洋间的流动，所以，像狮子鱼这样的热带鱼是不可能游到非洲南端的，因为那里又冷又远。到 1995 年时，又有一些狮子鱼零星地出现在了大西洋上。有可能是货船在海上运输货物时把它们放进了压载物里，当船在大西洋重新装载货物时它们回到了海里。另一种可能性更大的猜测是，1992 年的安德鲁飓风摧毁了佛罗里达的海洋动

上图　外形漂亮但却足以使其他海洋生物致命的狮子鱼是有名的猎手。它们在 20 世纪 80 年代来到大西洋。现在，在它们进行捕食的大西洋西海岸，原生珊瑚鱼的数量急剧减少。

物中心，生长在比斯坎湾的一些狮子鱼"逃逸"了出来。不管怎样，截至 2000 年，成百上千的狮子鱼出现在了大西洋中，据估计，现在仅巴哈马就有超过 100 万条的狮子鱼。

造成狮子鱼数量剧增的原因有两个。首先，在距离它们生活环境数百千米外的海域里没有它们的天敌。此外，它们的食源充足，那些小猎物完全没有意识到它们的新邻居居然是危险的杀手，因此当狮子鱼靠近时它们毫不躲避。

狮子鱼是珊瑚礁中众多的捕食者之一，它们是主动出击型的猎手，会用它们扇子状的胸鳍伏击猎物。在狮子鱼的腹中经常发现完整的鱼，长度达到它们自身体长的 3/4。潜水员们惊讶地发现在珊瑚礁上有数量众多的狮子鱼，同时也惊异于它们"自杀式"的捕食行为。狮子鱼通常在夜间捕食，但潜水队员曾多次亲眼看到了狮子鱼在白天觅食和捕食的罕见场面。

随之而来的后果非常严重。由于狮子鱼是食肉型鱼类，因此美洲东海岸的原生珊瑚鱼遭到了大范围的捕食，数量急剧减少。在这种适宜的环境中，狮子鱼独特的繁殖方式使它们的数量成倍增加。它们产下的卵可以在海洋中漂流到很远的地方，这有助于狮子鱼的散播。如今，整个大西洋西海岸，从巴哈马一直到纽约都出现了狮子鱼。

洞穴潜水

“好吧……要是在1981年的困难时期，我一定会臭骂你一顿，你实在是太狂妄了。你以为你是超人吗？”我们的洞穴潜水摄影师维斯·斯基尔斯记得，多年前他在训练我时曾这么说过。27年过去了，幸好我已经变得日益成熟，也聪明多了。这些天维斯实在是太累了，以至于我们刚要开始进入洞穴潜水时，他居然在水中睡着了，摄像机也被丢在了一边。这次我们又要到一个水下山洞探险，目的是更好地了解海平面变化的原因，因此这次的探险似乎更为复杂。

现在，我们站在位于阿巴科群岛上一个叫作“丹”的洞穴的入口处，这里似乎毫无看点。水下山洞的洞口通常都不怎么好看，但我还是被它们深深吸引了。这里的水塘呈新月形，大约有4米长、1米宽，周围被枯死的树、有毒的橡木和泥浆围绕，看起来死气沉沉，但它的下方则通往长达60千米的水下山洞，而且是水下山洞唯一的入口，我们可以在山洞中找到有关海平面曾发生变化的线索。

图尼和我对彼此都非常信任，能有他这样的同伴我很开心，因为这次潜水是绝对不能出现任何差错的。

由于我们搅起了入口处的淤泥，因此水中的能见度几乎为零，我们在这样的水中下潜了20米。越过了盐跃层（淡水和海水的交接面）之后，能见度提高了不少，我们继续下潜到25米处，在通过了一个大的连我们的电筒都探不到底的洞穴后，我们顺利进入了水下山洞群。

能够去大多数人都没有去过的地方真是一种享受，我也很喜欢那种极端环境的试炼给我带来的刺激感。在洞穴潜水过程中不能有丝毫的差错。当我在大洋深处潜水，或者在七彩的珊瑚中畅游时，所有的潜水技术都是自然而然的，我已经把它们清晰地印在了脑海中。但是，从为这次潜水进行计划和准备开始，我必须要全神贯注。当我真正完全身处山洞中时，我发现我已经完全忘记了自己在潜水，在水中我可以毫不费力地自由游动。除了进入太空探索之外，洞穴潜水算是探索地球最刺激的方式了。

随着潜水的深入，我已经可以看到钟乳石和石笋了。对于所有的山洞探险者来说，这些都是司空见惯的。钟乳石和石笋只能形成于空气中，因此这些深海山洞说明，在过去的某个时候，这里一定是干燥的。我们从那些精美的石柱旁游过，有些石柱的形状简直令人难以置信。为了弄清楚它们是如何形成这种形状的，我在那里多停留了一些时间。水下山洞的形成理论在巴哈马这里得到了证实。能够亲眼看到这些山洞真是太棒了。

这次潜水实在是太深了，因此我们不能直接上升到水面，必须要在距离入口6米处的地方进行减压停留，那里的能见度为零。我们在那里停留了16分钟，以便血液和组织中的氮气能扩散出来。如果在上升时不进行这样的减压停留，潜水员会患上潜涵病。等待的时间通常非常漫长。但是，我却觉得时间过得飞快，因为我当时被树枝卡住了，不得不在黑暗中摸索着试图甩开那些缠结的树杈。

右页图　巴哈马的阿巴科群岛上有一个巨型的水下山洞群，山洞潜水员把这里看作是潜水的首选场所。海洋探险队在洞中潜水时验证了这些山洞曾经是无水的，随后海平面的上升才使得这些山洞被淹没在了水中。

像狮子鱼这样的外来入侵性动物所带来的麻烦不仅仅出现在大西洋的这片海域。世界范围内，外来入侵物种不慎进入新环境而造成的问题越来越多，其中包括本地物种的死亡以及生物多样性的减少等，这类问题带来的影响仅次于栖息地的破坏、环境恶化以及疾病蔓延。

当晚，潜水员们在吃饭时都心情低落，他们担心灾难会突然降临到这里脆弱的生态系统上。这片海域已经展现出了它自身强大的威力和影响力，但是，我们所生活的这个现代世界对生态系统的平衡造成了很大的影响。

淹没的珍宝

两个世纪之前，大西洋与人类的关系要融洽得多。当时人类对于大西洋的兴趣仅仅在于穿越它——大西洋是人类乘坐轮船或飞机穿越的第一个大洋，它也使海水两岸的国家建立了特殊的关系，我们的下一次潜水将会揭示这层关系。

大西洋是18世纪末期美国独立战争以及二战期间大西洋战役的战场，同时，它也为供给和军火提供了运输通道。还有一些已经被遗忘的小规模战争也曾发生在这里，这些战争同样具有重要的历史意义。我们希望在下一次潜水中能够找到一艘沉船的遗骸，这艘船淹没在位于巴哈马群岛北部概念岛的珊瑚礁中。

1812年，英国及其殖民地与刚刚独立的美国之间发生了一场战争。这场战争的起因是英国对美国与法国的贸易限定了一系列的条件，美国认为这些条件违反了国际法。其实，美国西部和南部“鹰派”好战分子的主要目标是扩展领土，并把英国人从美国北部驱逐出去，将西班牙人从佛罗里达州赶走，进而彻底宣布美国对这块大陆的永久统治。

三年后战争结束，英国有1 600人丧生，美国有2 260人丧生，但双方都没得到或失去一寸领土。实际上，双方打成了平手。但这场战争大大改变了美国和英国的关系。从那时起，英国不得不开始承认美国是个拥有独立主权的国家。很多历史学家认为，这场战争标志着美国真正开始了独立时期。

“南安普敦号”的残骸就是这场战争所残留下来的遗迹之一。1812年11月27日，这艘英国巡洋舰前往牙买加，试图拖回几天前在战争中俘获的美国“维克森号”军舰。在正午之前，船员已经可以看到目的地了，辨认出了那里是概念岛，并按照地图所指改变了航向以避开浅滩。但船的一侧还是被一些地图上没有标记出来的暗礁刺穿了，大量的水快速涌入船体，以至于排水泵无法及时将这些水排出。

这样，这艘巡洋舰的残骸就留在了巴哈马的概念岛附近，与之相邻的是以这支倒霉的战舰所命名的南安普敦角。极少有人知道这艘船沉没时的确切位置，从当地的一位业余历史学家那里，我们得知了它可能的所在地。虽然专业考古学家还没有进行过考证，但为了证实这些残骸确实是属于“南安普敦号”的，我们来到了这片危险的海域。

由于概念岛附近有参差不齐的珊瑚礁，所以我们进行了长达数小时的激烈商讨，最终一致同意将船停靠在一个足够近的地方，再乘坐一艘小船通过那些突起的珊瑚礁。潜水员刚刚潜入水中，便在水下一个巨大的片脑纹珊瑚那里发现了一门大炮。通过测量它的长度，潜水员发现这门大炮的尺寸和“南安普敦号”最初设计图上的大炮尺寸完全吻合。渐渐地，发现了越来越多的大炮。有些大炮隐藏在甲壳虫类动物的下方，有些则在海底清晰可见。不远处有两个独特的V

上图　1812～1815 年间，英国及其殖民地与刚刚独立的美国展开了一场战争。这场战争发生在大西洋上。这幅名为《俘获阿尔戈斯》的水彩画所描绘的场景，对于当时在“南安普敦号”上的水手们来说应该再熟悉不过了。1812 年 11 月，就在“南安普敦号”沉没之前的几天，英国俘获了美国“维克森号”军舰。

第 72~73 页图　埃克苏马群岛鸟瞰图。这里是卢卡约印第安人的家乡，他们在 1 000 年前从南美来此地定居。

上图 这幅由托宾（M. F. Tobin）绘制的石版画名叫《新世界的第一眼》。这幅画描绘了 1492 年哥伦布到达巴哈马时的场景。他登陆的具体地点现在仍然备受争议。

形锚，这种形状的锚是当时英国所特有的（美国的锚底部是圆形），因此我们确定，这就是我们要找的船。我们在珊瑚周围发现了很多大炮，大炮周围散落着一些炮弹以及压舱用的岩石。一个朗姆酒瓶被埋在了沉淀物的下面。此外，我们还找到一些玻璃碎片，这些玻璃可能是船长室窗户上的。

这趟潜水的收获颇丰，我们似乎打开了一扇窗，窗外是一场已经被人们所遗忘的战争。对于我们这支队伍来说，能够识别出“南安普敦号”失落的残骸，就已经算是极大的成功了。

失落的文明

旅行中我们了解到，我们的日常生活与大西洋息息相关。它掌控着我们的气候、贸易以及经济，甚至影响了我们的历史。这片大海中隐藏着我们过去的故事，这些故事被封存于浪花下千百年之久。在探险的中途，我们向北驶去，希望可以在那里找到一些有关失落的文明的遗迹。

大约 1 000 年前，卢卡约人坐船通过墨西哥湾暖流这条“高速公路”，从南美来到这里定居，并建立起了殖民地。卢卡约人的名字来源于阿拉瓦印第安语“Lukkunu Kairi”，意思是“在岛上居住的人”。他们与波多黎各、海地、多米尼加共和国、古巴以及牙买加的泰诺人拥有共同的祖先。公元 600 年左右，卢卡约人独立出来，开始在土耳其、凯科斯群岛以及巴哈马群岛建立殖民地。1492 年哥伦布在这里登陆时，他们已经在这里建立了稳定的社区。

由于主要生活在海边，安宁的卢卡约人对陶艺、雕刻以及造船都非常在行，他们将棉花纺织成布料以及吊床，与临近的地区进行交易。然而，卢卡约人不懂得机械，不会用金属制作工具，也没有文字。

宗教在卢卡约社会中扮演了重要的角色。卢卡约人对神明非常敬重，认为万物有灵，降雨、日出日落、刮风、飓风等现象都是由神明掌控的。他们最信仰的神话故事与海洋有关。他们相信蓝色的洞——遍布整个小岛的通往水下山洞的深水柱——具有神奇的力量。根据神话传说，太阳、月亮以及卢卡约族都来自这些神圣的山洞。因此，在卢卡约人死后，他们会在洞中举办一场隆重的宗教葬礼，相信通过岩石通道能进入来世。

我们一行来到了大巴哈马岛，停靠在了岛的北端。这里有许多蓝色的深洞，潜水员将要潜入洞中寻找葬礼的遗址。这些山洞是碳酸钙腐蚀后形成的，腐蚀作用使地下山洞像瑞士奶酪一样多孔。现在，这些山洞被海水淹没了。

潜水员开始潜入其中的一个山洞，不久，一个别样的世界出现在了眼前。在一个巨大的教堂式山洞中，美丽的钟乳石被海水围绕着从山洞顶端悬挂下来，这也许是水下宫殿的拱形天花板。偶尔会有灿烂的阳光从洞口照到这里，此时，岩石便会闪闪发光。这里真是个神圣的地方。

我们希望可以找到卢卡约人葬礼礼仪的一些线索。在之前类似的探险中，只能找到一些遗迹或者人工制品的碎片。因此，当我们在山洞石壁之间的狭缝内发现了一具人类头盖骨时，大家都变得异常兴奋起来。近距离观察后我们发现，这具头盖骨的前额宽阔而平展，因此这极有可能是卢卡约人的头盖骨。卢卡约人的新生儿出生后，父母会在他们的额头处绑上一块板子以使额头长得比较扁平，与中国缠足的习俗相仿，卢卡约人认为平展的额头代表着美丽和力量。

这具额头扁平的头盖骨大概已经在这里 1 000 多年了，并且鉴于这具头盖骨是单独存放在这里的，而非在一个公墓里，所以可以推测这个人过去可能是部落里身份比较高贵的人。裂缝上方的山洞顶部有一个狭窄的洞口，这具头盖骨很有可能是从这个洞口进入蓝色水洞的深处的。有了这样一个激动人心的伟大发现，潜水员们不禁为整个种族的灭绝而感到悲凉。

对于温和的卢卡约人来说，悠闲的岛屿生活并没有持续多久。西班牙掘金者紧随哥伦布而来，他们把许多卢卡约人输送到了伊斯帕尼奥拉岛的金矿去做了奴隶工。剩下的卢卡约人被命令到水下去寻找珍珠。很多卢卡约人因工作劳累而死。反抗的人也都被处死，其余的人要么死于传播于欧洲的疾病，要么不堪重负选择自杀。仅仅经过一代人的时间，卢卡约人的人口数量从 50 000 锐减至寥寥无几，留下了很少的踪迹。尔后，西班牙人乘船离开了这里，整座岛也被废弃了。如今，卢卡约文明存在的唯一证据就埋藏在大西洋中这些蓝色洞穴的深处。

我们所呼吸的空气

在大西洋中生活着数十亿的海洋生物，它们构成了大西洋的生态系统。在海中的岩石和礁石上，生活着五颜六色的海葵、海绵动物以及珊瑚。在大陆架部分的浅水区，海水还没有那么深，一些我们所熟知的海洋生物，例如螃蟹、虾、软体动物，以及许多不同种类的鱼、章鱼和乌贼，都生活在那里。更深一点的地方则生活着海豚、海豹以及鲨鱼。面对这众多的生物，我们很难想象，如果整片海洋都充满了毒素，再也没有生命存在时，这里会是怎样的场面。在叠层岩形成之前，这里的确是有毒的，且没有生命存在。令我们想不到的是，看起来，这些叠层岩是造就地球历史的英雄，但实际上，岩石上的菌落才是真正的英雄，正是因为它们释放出的氧气净化了海洋，海洋才富有了生机。

大约在 5.5 亿年前，很多微生物生长在叠层岩上。如今，地球上只有两个地方可以找到叠层岩了：澳大利亚盐度极高的鲨鱼湾以及巴哈马李斯多金岛附近被海水冲刷的海峡。

在乘坐“加勒比探索者号”航行了一整天之后，我们到达了李斯多金岛，这座小岛位于支撑巴哈马群岛的巨大石灰石台地的边缘。海水在向下倾斜长达数千米的大陆架处快速向下流动，冲向海底后向上“弹回”形成了一股猛烈上升的水流。这样的海洋环境异常危险，不时会有海浪和旋涡出现，极少有生物可以在这种恶劣的环境下存活，唯一的例外是叠层岩上的菌落。

乍一看，水里除了纤细的水草以及一块块不起眼的石头外，什么也没有。但实际上，这些石头要比我们想象的复杂得多。它们就是我们常说的叠层岩，由成千上万的叫作“蓝细菌”的微生物构成，呈半圆形。叠层岩表面带有黏性物质，黏性物质上长有蓝细菌，这些蓝细菌可以将海水带来的有用沉淀物积攒起来。沉淀物越积越多，致使微生物要移动到表层寻找光源进行新陈代谢，由此一来，沉淀物便一层一层地堆积，就形成了这种类似于杯子形状的岩石结构。

25 亿年来，这些蓝细菌是唯一可以忍受海洋最初形成时的极端恶劣条件的生物，它们与远古极端微生物[①]很相似，都可以近距离接触像硫化氢这样的剧毒物质而不受损害。同时，蓝细菌还可以在叠层岩表面分泌一种遮光剂，可以保护微生物免于被太阳强烈的辐射所伤害。

这些微生物留给地球最伟大的遗产是它们呼吸所产出的氧气。从 25 亿年前起，叠层岩就开始向海水和大气中释放氧气。大约在 5.5 亿年前，地球上的氧气含量就达到了现在的水平。大量的氧气使海水中的含氧量十分充足，取代了以前普遍存在的硫细菌，在叠层岩的帮助下，有毒的海水被净化成了适宜数百万种生物生存的环境。这些微生物的光合作用甚至比地球上的热带雨林还要强烈，因此，富含氧气的大气层形成了。

随后，地球上逐渐进化出了以氧气作为能量来源的新物种。这些“好氧型”生物开始“统治”富含氧气的海域。又经过很长时间，它们渐渐进化成了各种

① 极端微生物：极端微生物是最适合生活在极端环境中的微生物的总称，包括嗜热、嗜冷、嗜酸、嗜碱、嗜压、嗜金、抗辐射、耐干燥和极端厌氧等多种类型。

右页图 图尼·马托和菲利普·库斯托在比米尼群岛附近的加勒比礁鲨身上测试鲨鱼驱逐剂。

上图　叠层岩看起来一点也不像英雄，但这些表面看似岩石的生物却在向外释放着氧气，正是这些氧气最终净化了有毒的海水，并且将它们转化为适宜无数海洋生物生活的环境。

各样的海洋生物。在几乎所有大陆的沉积岩中，都可以找到叠层岩化石的身影。它们成为研究早期生命进化的史前生态学家关注的焦点，一些科学家试图利用叠层岩化石来还原古时的自然环境。对于这些研究人员来说，想要对古化石做出一个恰当的解读，观察现代“活着的”叠层岩非常重要。

叠层岩虽看起来毫不起眼，但多亏了它们，大西洋才能成为世界上最为多产的海洋。纽芬兰岛外的大浅滩、新斯科舍附近的大陆架、巴哈马浅滩以及北海的多格滩等地都非常适宜发展渔业，人们可以在这些地方捕捞到鳕鱼、黑线鳕、海鳕、鲱鱼以及鲭鱼，所以大西洋对商业有着极大的影响。此外，大西洋还是主要的交通枢纽及通信线路，其周围陆地大陆架的沉积岩内还储存着大量的石油。

海底黑洞

如果没有叠层岩，现在的一切都不会出现。但在叠层岩出现之前，海洋是什么样的呢？其实有一个地方可以让你了解远古的海洋环境，这也是我们要进行的最有纪念意义的一次潜水——我们即将前往位于大巴哈马岛以南、古巴以北的安德罗斯岛亲身体验远古海洋。

我们要去体验一个奇异的景观——海底黑洞，它位于小岛海底的可溶性石灰岩中，深达 47 米。而这些可溶性的石灰岩，就是构成巴哈马群岛的沉积岩。这里与海洋相隔，环境十分特殊且十分恶劣，而最特殊的是海底黑洞中奇特的生命形式。

1985 年，一位经验丰富的洞穴潜水员罗布・帕尔默发现了海底黑洞。最初他认为，鉴于这里的正圆形形状，这个洞应该是流星陨落造成的。而如今，人们认为这个洞是自表层形成之后向下延展的。最开始的时候，雨水在表面逐渐积攒起来，之后越积越深，水中的细菌由于碳代谢作用产生了一些酸，这些酸能腐蚀石灰岩，从而形成了一个正圆形的洞，久而久之，经过亿万细菌的共同作用，这个洞的深度达到了近 50 米。从表面看，这个洞十分普通，但平静的水面一片漆黑，好像有一种不祥的预兆。

到目前为止，只有一个科研小组曾潜入洞中，所以人们对黑洞中的微生物所知寥寥。我们此行就是计划潜入呈酸性的深水中，利用探针测试出里面的温度以及氧气含量。

当潜水员到达水下 18 米深处时，发现那里有个 1 米厚的细菌层，而且水温突然升高了，即使穿着潜水衣，潜水员也能明显感觉得到。但奇怪的地方还不止于此。突然间，周围的海水变成了明亮且富有迷幻色彩的紫红色。这说明这里的微生物实在太密集了，几乎所有射入洞中的太阳光都被它们吸收掉了，但它们只能反射少量波长较长的光波，因此这里的水呈现出深紫红色。也正因如此，海底黑洞表面的水才会呈现出黑色。这里细菌的密度实在是太大了，如果把它们晒干来称的话，估计至少有 5 吨重。这些细菌利用太阳光进行光合作用来获得能量，但事实是，洞中较深处的水中并没有溶解氧，而氧气又是光合作用所必需的。因此，这里的细菌进化出了另一种方式来利用太阳能：它们用硫取代氧，释放出酸性的硫化氢。这里的细菌非常多，所以产生的硫化氢浓度非常大，而高浓度的硫化氢是有毒的。同时，硫黄标志性的“臭鸡蛋”气味实在是太浓了，不光是潜水员通过皮肤“闻”到了它们，就连地面的工作人员都闻到了——因为臭气被气泡带到了水面。当潜水员停留在硫化氢浓度很高的水层时，有毒的酸性气体开始刺激他们的皮肤，产

穿越时光

我本应想到这个事实的——你不可能舒舒服服地“穿越”回35亿年前。当我在直升机上第一次看到黑洞时，就产生了一种似曾相识的感觉。我喜欢这样的感觉。一方面，我迫不及待地想要到达那里；另一方面，我在考虑那里有什么样的危险在等待着我们，我们又该如何应对那些危险。安德罗斯岛上的黑洞是世界上独一无二的，除了这里，地球上再也找不到与它类似的地方。仅凭这点，这次潜水探险就足够有意义了。我听说这个黑洞有50米深，在18米深处有一个奇特的分层，上部和下部的海水在此分隔开来。我们将要越过这一分层，去探索海水深处的奥秘。

这次探险从一开始就非常艰难。想要去黑洞，唯一的方法就是乘坐直升机。洞周围是约克郡石灰岩喀斯特地貌与红树林湿地组成的混合地貌，此外还有纠缠可怕的毒漆树。洞口的岩石呈蜂窝状，个个都具有剃刀般锋利的边缘。

进行第一部分潜水时，感觉就像在淡水中潜水一样——当我们沿着陡峭的岩石向下移动时，周围碧绿的水既凉爽又清澈。很快我们就看不到洞壁了，接着就像我们之前预料到的那样，我们到达了下半部分棕色水层的顶部，这里有很多泥沙在昏暗中流动。我们放慢速度开始进行研究，突然间我们感到水变热了，这令我们感到很不舒服，想要离开这里。几秒钟后，能见度降为零。只有把电筒照向面罩时，我才能确定电筒是亮着的。我把摄像机拉到面罩处，这样我才可以继续记录这次探险，并且确保我们几个还在一起。

突然，水中出现了臭鸡蛋的气味，我差点被熏晕了过去。这太奇怪了，通常来讲，在潜水时，我们的鼻子都是在面罩里的，因此在水下闻不到任何的气味。我闻到的其实是细菌散发出的味道。由于我的皮肤吸收了那些化学物质，因此我们可以通过鼻窦闻到它们的气味，

右图 在队伍其他成员的看护下，保尔·罗斯潜入安德罗斯岛上的黑洞中。

右页图·左 摄像师游到水面下比较清澈的地方，准备拍摄队伍中的其他人。

右页图·右 在黑洞中心部分，能见度为零，水呈血红色，同时伴有地球上最难闻的气味。

那些化学物质渗透进了我的身体。我不断提醒自己，这一水层是由硫化氢构成的，但我当时似乎忘记了它的毒性有多强，我的直觉告诉我，我要潜得更深一些。

几秒钟后，我们进入了一层水味更加难闻的水域，这里的水是血红色的——几乎红得发紫。我实在不想在此逗留，却又不禁想在这里能多体验一秒就多体验一秒。我们继续向深处游去，在 22 米深处，海水变成了纯黑色，我们对此再熟悉不过了——在夜间或山洞中潜水就是这样。我抬头向上看去，漆黑的“天花板”上零零星星地散落着绿色的“天窗”，我们正是从那里进来的，“天花板”的下方有一层怪异的紫红色水层。

突然间我意识到，我身处的这片水域与 35 亿年前的海洋是一样的。这里充满着死亡气息的黑色海水与我们现在美丽、富氧且生活着各种生物的海洋有着天壤之别。

我们是躲不开这片水域的。想要离开这里意味着不得不再次经过这片水域，我的感官也将再次受到冲击。我可以确定的是，只有经过能见度为零、散发着难闻气味且又极热的紫红色水层，再穿过之后难闻的绿色水层，我们才能抵达那期盼已久的水层——凉爽、清澈、能够赋予生命力量的淡水层。在缓慢上升的过程中，我伸开双臂准备享受成功的喜悦。

潜水后我有些不舒服。我看到我们的潜水安全员约翰正在杂草丛中呕吐。图尼头有点痛，我们的摄像师迈克嗓子痛。直到那晚临近午夜的时候，我们的情况才有所好转。此外，我们还受到了一些长期影响——我们的头发变成了一种奇怪的颜色。肯定有人会问，这值得吗？当然值得。因为这是一次穿越时光的潜水，我们有幸看到了 35 亿年前海洋的样子。

生刺痛和瘙痒的感觉。这样的潜水存在着潜在的危险，地面的安全保卫队一直在小心地监测着一切。

尽管如此，潜水员们还是想看看细菌层下是什么，因此他们继续向深处游去。在细菌层之下，海水一片漆黑。他们用电筒照射到微生物层的底部，看到这些呈球状的细菌如雨点般落下。当他们穿过细菌层之后，下面的海水温度突然急剧下降，就像进入了冷水池一样，这是因为阳光无法射穿细菌层，因此处在底层的细菌为了适应这种环境，便从水中的化学物质中吸取热能来替代太阳能。监测数据显示，此处的水中的确不含氧气。

海底黑洞内的环境十分恶劣，没有氧气也没有光照，因此几乎没有生命得以在此生存。35 亿年前，当地球上的海洋刚刚形成时，环境应该和海底黑洞类似。经过 10 亿年的漫长时间，地球大气中的氧气仍然十分匮乏。尽管一些细菌通过光合作用能够产生氧气，但火山气体①会与之迅速发生反应，这样一来，大气中就很难有氧气可以积累下来。

海洋中的硫含量开始上升，在这种无氧的硫化环境中，只有厌氧型的硫细菌可以生存，我们在海底黑洞中发现的细菌就是这样的。通过潜水，我们在这个特殊的地方了解了在海洋形成初期，什么样的生物得以生存。现在我们知道，那里有剧毒，漆黑一片，并且几乎没有任何其他生命存在，整个空间都被成片的紫红色细菌主宰着。

尽管潜水员已经进行过成千上万次的潜水，但没有一个潜水员在世界的其他地方见到过这样的海洋环境。这次潜水十分危险，出于安全考虑我们提前撤回了潜水员。尽管如此，我们还是为这次特殊的潜水任务付出了代价：由于在有毒的化学物质中停留的时间过久，一名潜水员病情严重，潜水装备上的黄铜配件失去了光泽，队长的头发变成了奇怪的浅金黄色。

在热带地区夕阳的余晖下，队员们一边喝着啤酒和兰姆酒，一边回忆着这段难以忘怀的旅程。对于船上的英美人士来说，大西洋只不过是普通的大洋而已，他们已经习以为常了。但即使是在大西洋中一个狭小的角落里，我们都可以看到海洋是多么的强大、多么的有影响力。

从探险一开始就缠着我们的暴风雨以及强大的墨西哥湾暖流都在向我们证明，大西洋对地球的气候和天气有着深远的影响。大西洋上的贸易航线、渔业以及自然保护区都使它在世界商业领域扮演着重要的角色。同时，作为连接大陆与人们的纽带，它对人类的历史进程也有着很大的影响。太阳一点点从这片广阔又强大的海洋上方落下，一直到了海平面以下，我想起了神话故事中的一个人物——泰坦。

① 火山气体：主要成分有水蒸气、含硫化合物和二氧化碳。

上图　巴哈马群岛不仅有黑洞，还有数量众多的蓝洞，这两者有着明显的差异。这些被海水淹没的蓝洞（陆地上和海上都有）是经过了若干个冰河世纪才形成的。与黑洞不同的是，蓝洞里是普通的海水，所以在蓝洞里潜水要舒服得多。也正因如此，许多潜水员都希望到这里体验难得的热带海洋潜水。

上图　加利福尼亚湾的卫星图——下加利福尼亚半岛与墨西哥间狭窄的海域。

第 84~85 页图　海中的一头抹香鲸。这片海域中生活着世界上最密集的鲸群。

第三章

加利福尼亚湾

地球水族馆

在地球上的所有海洋中，可以毫无疑问地说，加利福尼亚湾第一眼看上去毫无吸引力。它位于下加利福尼亚半岛与墨西哥大陆之间，是一条狭长的海域，长为 1 200 千米，但宽 100~220 千米。它既没有大西洋惊人的威力，也没有太平洋宏大的规模。

表面看来，这里一点也不像一个全球海洋探险地。但就是这个其貌不扬的海域，给海洋探险队展现了最为罕见的景象。

对于这次探险，我们并没有希望能有什么新发现。我们的目的仅仅是去调查一下这里异常丰富的海洋生命。地球上 1/3 的海洋哺乳动物生活在这狭小的海域里。此外，这里还有 800 种不同种类的鱼，以及世界上最密集的鲸群。雅克·库斯托曾将这里称为“地球水族馆”，作家约翰·斯坦贝克称这里“野生动植物肆虐”，并讲述了自己在这里作为业余生物学家工作的经历。

当然，这种独特的环境对于我们来说具有无法抵抗的诱惑力，我们想知道为什么这里会有如此丰富的海洋生物。在这里，我们了解了鲸的特性，这是动物学上的一个里程碑。但是，这些新发现却十分令人担忧，因为加利福尼亚湾的生态系统正在面临着严重的威胁。

那是墨西哥的盛夏时节，我们的探险在拥挤的拉巴斯港口启程了。酷热中不时飘来一阵阵浓重的腥气，空气里似乎还遗留有几天前那场飓风的残余能量。

港口中杂乱地停着许多船只。有一艘名叫“潘加”的渔船是前不久用七彩玻璃纤维制成的，在排列得井然有序的游艇中，它正随着波浪上下起伏。我们这次乘坐的探险船规模介于“潘加”与游艇之间,名叫“海中越狱”，曾是一艘研究用船。这艘船似乎是这片区域里最吵闹的噪音发声器，我们装载好了必要的装备，在震耳欲聋的噪音中驶向加利福尼亚湾。

丰富的营养物质

加利福尼亚湾之所以有如此丰富的海洋生命，是由于它特殊的地质结构造成的。500 万年前，太平洋板块开始远离北美大陆板块，将下加利福尼亚半岛和南加利福尼亚从美国大陆分离开来。该板块向北移动了 320 千米，因此形成了一个深深的海湾。又因为太平洋海水的流入，便形成了加利福尼亚湾。这片海也被称作朱砂海。

如今，随着众所周知的圣安德烈亚斯断层①向南延伸，加利福尼亚湾仍然在以每年 5 厘米的速度变宽。这个区域的地质活动非常活跃，这种活动导致海底出现了一条垂直深入地壳的裂缝。

通常说来，地壳的裂缝常见于海底几千米深处的大洋中脊处，而在加利福尼亚湾，裂缝却出现在距离海平面 5 米深的浅盆中。海洋探险队决定去探查这个不寻常的现象。在水下，要想发现地缝首先靠的并不是视觉，而是听觉——突如其来

① 圣安德烈亚斯断层：横跨美国加利福尼亚州西部和南部以及墨西哥下加利福尼亚州北部和东部的断层，位于太平洋板块和北美洲板块的交界处。

下图 500 万年前，太平洋板块向西移动，将下加利福尼亚半岛与北美大陆板块分离开来，形成了一个深深的海湾，随着海水的注入，加利福尼亚湾便形成了。

右页图 生活在这片海域的巨型翻车鱼。这些鱼体形巨大，看起来像是由一个大大的头部和一条小尾巴组成的。这种鱼可以长到 3 米长。

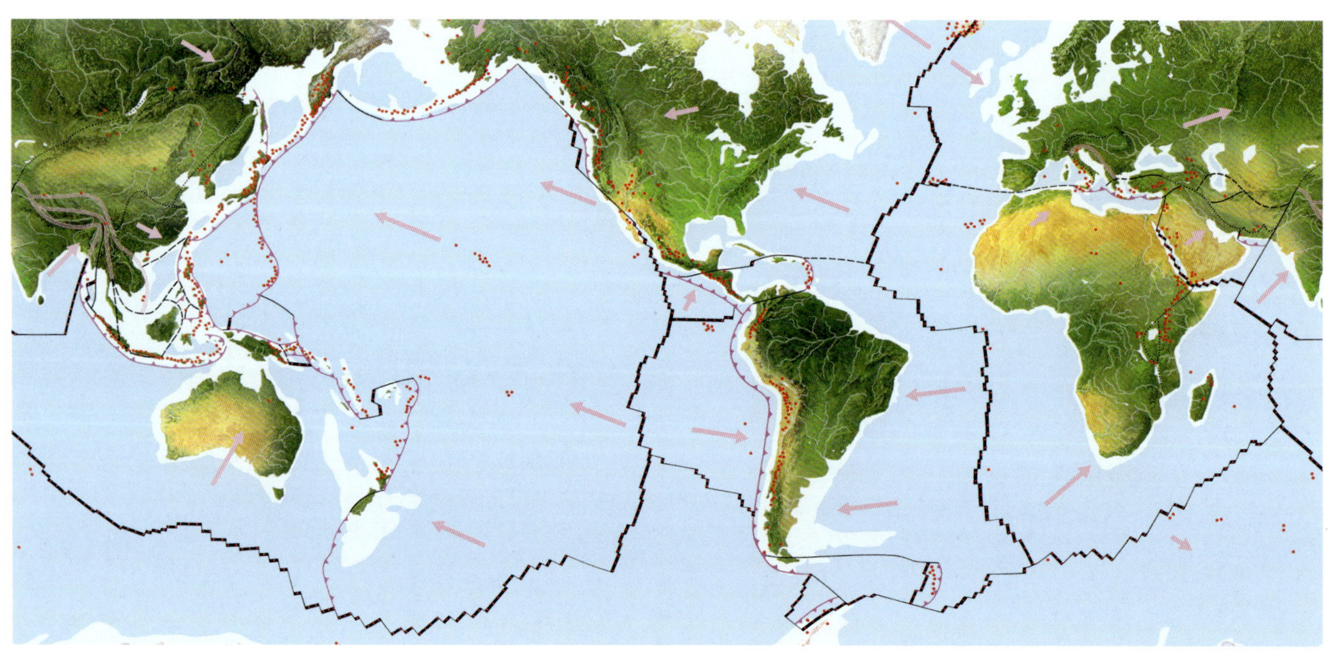

上图 从地缝上升的海水释放了丰富的“海洋肥料”，养育了品种繁多的海洋生命。

右页图 鲸鲨通常会在 9 月或 10 月迁徙至此来捕食和繁殖。这些大鱼的同伴是拉莫拉鱼和胭脂鱼，这些小鱼会“钩”在这些温和的大鲨鱼上顺路而来，“沾光”的同时，会帮助大鱼清理身上的寄生虫。

的嘶嘶声。听到这种声音后，就可以顺着声音找到地缝了。在这块 1.3 平方千米的海域里，处处都有成串的热气泡不断地从海底冒出，使海水的温度上升到了 80℃。这是因为地缝直通地球核心的熔岩，所以冒出的水十分滚烫。海水流入地缝后，温度可高达几百度，之后它们要流经数千米厚的沉淀物，再向地缝口上升，在这一过程中，海水吸入了多种矿物和营养物质的混合物，例如钙、镁、铁，在海水到达地缝口之后，这些物质也被释放到了海中，成为养育海洋生命的特殊“海洋肥料”。大量的化学合成细菌在地缝口附近滋生，形成了覆盖岩石的厚厚的“有色垫子”，各种鱼类都可以在这里找到丰富的食物。这些地缝口，连同流过加利福尼亚湾且富含营养物质的加利福尼亚洋流，将这片狭小的海域变成了海洋中的绿洲。

这里生活着各种各样的鱼：神仙鱼、小热带鱼、暖海鱼、鹦嘴鱼、石头鱼、隆头鱼、鲷鱼以及海鳝，以上这些仅仅是这片海域中成百上千种鱼类中的一小部分。此外，这里有长达 7 米宽的巨型深海鱼，还有体重达 2 268 千克的世界上最重的巨型翻车鱼。其他“居民”包括加利福尼亚海狮、长须鲸、濒临灭绝的加湾鼠海豚以及食肉型洪堡乌贼。

世界上七种海龟中的五种都迁徙到了这里：棱龟、红海龟、玳瑁、橄榄鳞龟以及太平洋绿龟——也被奇怪地称为“黑龟”。还有其他一些过客，包括鲸、鲸鲨、成群的海豚以及海象。加利福尼亚灰鲸来到这里十分不易，它们经历了比其他任何哺乳动物都要长久的迁徙路程，在每年冬季返回 8 000 千米外的白令海之前，它们都要在这里待上好几个星期进行繁殖。在加利福尼亚湾进行捕食和繁殖的鲸和海豚比世界上其他任何地方的都要多。总的来说，这片海域有将近 900 种鱼类以及 34 种海洋哺乳动物，其中超过 800 种海洋及沿海物种只存在于这里。

鲨鱼和海螺

一些书籍对鲨鱼是这样描述的：鲨鱼位于食物链的最顶端，通常被称为顶级食肉动物。但放在现在来说，这只是老旧新闻了。在过去的 20 年里，人类已

经成为最致命的杀手，鲨鱼只是人类捕捉的猎物而已。

人类在这片海域已经捕了好几个世纪的鱼了，都没有造成什么大的影响。但在随之而来的商业化捕鱼时期，人们先是用刺网，紧接着用流网，像铲土一样将这片海域中的一切都铲了出来，无论大小。鲨鱼则常常被金枪鱼捕猎者所捕杀。

然而，随着东方世界对鱼翅汤的需求越来越多，事情变得没那么简单了。当一个 1 千克重的鲨鱼鳍可以卖到 350 ~ 700 元时，毫无疑问，商业化的鲨鱼捕捞开始繁荣起来。在欧洲及美国，将鲨鱼的鳍切下来后将鲨鱼扔回海里的行为是违法的。在墨西哥，虽然法律上并没有明令禁止这一行为，但却对这种行为极其抵制，然而这种行为仍然时有发生。我们无法确切得知全世界范围内有多少鲨鱼被捕杀。许多鲨鱼鳍都被运往香港，据香港当地估计，每年捕杀的鲨鱼数量可达 2 600 万到 7 300 万头，还有数据指出这个数字可能超过 1 亿。

2005 年，加利福尼亚湾被列入了联合国教科文组织的世界遗产名录中，这里的鱼类和海洋哺乳动物已经所剩无几。我们此行的目的就是去调查过度捕捞和鱼群的大量死亡对双髻鲨的影响到底有多严重。

双髻鲨别名叫锤头鲨，共有 9 种，之所以叫锤头鲨，是因为它们头部长有长长的扁平圆形突起，看起来很像扁平的锤子。实际上，这个“锤头”是嗅觉器官和高度发达的电感受器，构造十分复杂。双髻鲨的两个鼻孔分别位于“锤子”的两侧，鼻孔中的特殊构造可以过滤海水。由于两个鼻孔之间的距离比较远，使得双髻鲨可以对更宽的水体进行取样，这种“立体

嗅觉”也使它们对周围环境更为敏感，当鱼厂的渔船将废料倒入海中时，双髻鲨总是最先来觅食的，这说明它们的嗅觉极其灵敏。但我们对双髻鲨的了解还存在很多疑问，因为它们实在是太机警了，人们很难观察它们。

双髻鲨有专门的电子传感器，被称作“劳伦氏壶腹[①]”。壶腹分布在“锤头”的下表面，对电磁场甚至是每种生物周围微弱的生物电场都极其敏感。双髻鲨通常在海底游动，游动时它们奇特的 T 形头不停地呈圆弧形晃动着，以此来感应微小的电场。通过这种奇特的感官系统，它们甚至可以“挖出”那些躲藏在海底淤泥下的猎物。

正是由于对电磁的感应能力，双髻鲨才被吸引到了加利福尼亚湾。这片海过去曾经是火山，所以现在才布满了海底山。这些海底山大部分是由玄武岩构成的。玄武岩富含磁铁矿（三价铁和二价铁的混合物），这种矿石是自然界所有矿石中磁化程度最高的，因此海底山附近有很强的磁场。从传统意义上讲，海洋生物一般都是在海底山附近觅食。由于双髻鲨的感应器可以探测到磁极微弱的变化，所以它们可以在几千米

① 劳伦氏壶腹：后世生物学家把劳伦兹尼发现的鲨鱼体孔称为“劳伦氏壶腹”。

上图　在过去的 30 年里，由于过度捕捞，加利福尼亚湾的双髻鲨数量急剧减少。

左页图　在过去，大批双髻鲨回来到加利福尼亚湾的海底山附近觅食。

至关重要的呼吸器

我做了40年的潜水员，我承认在我潜水时，大部分空气都被浪费掉了。这并不是说我在水下游玩没有好好工作，而是因为每次潜水时我所使用的潜水装备——自携式水下呼吸装置限制了我。这种呼吸器是1942年艾米丽·凯葛楠与雅克·库斯托共同研发的，潜水员可以将这种筒装高压空气呼吸器负于背上。你可以在水中轻易找到使用这种装备的潜水员，因为他们后面会冒出一串气泡，也正因为这些动静不小的气泡，使得他们很难接近水中的鱼类：在你呼气的一瞬间，鱼儿就飞快地游走了。不仅如此，气筒中宝贵的空气大部分都随气泡流失。

现在，大多数潜水员所使用的都是自携式水下呼吸装置，它操作简单、易于维护、安全可靠，几乎每个学习潜水的人都要学会怎样使用它。但是如果你真的想要接近海洋生物，或者在水下待上几个小时，或者参加水下战争，甚至是想要在水下生活的话，那么你就需要一个密闭式循环再呼吸水肺系统（Closed Circuit Re-breather unit，简称CCR）了。这是因为，和一般的潜水设备不同，这种装备不会产生泄露行踪的气泡——潜水时是完全无声的，并且效率很高。这种装置的工作原理是将潜水员呼出的二氧化碳进行净化，然后加入少量的氧气进行再次利用。配备了CCR的潜水员虽然还要背着气筒，但可以在水下待更长的时间：如果其他潜水员在水下的时间按分钟来算的话，那么他们的可以按小时来算。

除此之外，CCR装备还有其他的好处。在一定深度的海水中潜水时，CCR可以让潜水员呼吸自如，也不会遇到氮麻醉（高压氮气会影响潜水员的大脑，使潜水员陷入半麻醉的状态）和潜涵病等状况。因为一旦高压氮气被人体所吸收，将会对关节和神经系统造成损害。

因此，如果潜水时想要时间长一些、潜得深一些、潜得安静一些的话，你应该选择CCR。需要注意的是，潜水员需要一段时间来适应CCR。这一点也不奇怪，你可以想一想，有什么装备可以直接从架子上拿下来就在100米深的海中直接使用呢？又有什么装备上会写着“警告！不注意的话这些装备会致命的”呢？

上图　自携式水下呼吸装置的发明者雅克·库斯托（上）和背着CCR的保尔·罗斯。

右页图　自携式水下呼吸装置所产生的气泡，这些气泡能够暴露潜水员的行踪。

SCUBAPRO

上图 鳝鱼张着嘴等待经过嘴边的食物。

第 96~97 页图 潜水员拍摄到一群狗鱼在精确的圆形轨迹上游动。对于狗鱼这一行为的解释仍然存在很多争议，但通常认为这是一种应对捕食者的防御机制。

外“感应”到海底山的存在——它们在游动时左右摆动头部，“扫描”海水以获得信号。这就像是鲨鱼的导航系统一样，可以以此来绘制出海底地图。

几十年前，由于这里的磁场以及成群的鱼类，大批“摇头晃脑”的双髻鲨来到了海底山的周围觅食。实际上，很少有鲨鱼是以这种方式聚集在一起的，而双髻鲨是其中之一，但这种聚集行为仅发生在白天。夜里，它们会分散开来寻找食物。有人指出，当双髻鲨经过加利福尼亚湾一路向北迁徙时，它们是利用海底山的两个磁极作为辨认方向的工具的。世界上能看到成群的“摇头晃脑”的双髻鲨的地方不多，加利福尼亚湾就是其中之一，有时候，这里会出现由500头双髻鲨组成的鲨鱼群。

我们想要调查双髻鲨目前的生存状况，所以要下潜到一座被认为是双髻鲨聚集地的海底山附近。从技术角度讲，这次潜水非常复杂。厄尔巴乔海底山位于水下40米处，但是由于双髻鲨“害怕”潜水员的呼吸器所冒出的气泡，所以这次潜水将会采用安静无气泡的呼吸器。

在海底，距离很远就能看到耸立的海底山。那里富饶、迷人又充满活力。无数的小鱼从生长在海底山边缘的海藻间游过，成群的狗鱼和金色鲷鱼围绕其间，许多彩虹隆头鱼在进行交配，成团的白色精液和卵细胞在海中交汇融和。藏在凸起岩石下的海鳝张着大嘴等待着警惕性不高的猎物游入嘴中。但是，鉴于这里有黄貂鱼和圆形的彩色约翰兰德蝴蝶鱼，就足以证明这里真正的主人是双髻鲨了。黄貂鱼是双髻鲨最钟爱的食物，约翰兰德蝴蝶鱼则是“清洁工”——它们为鲨鱼服务，清理它们身上的寄生虫。

海水清澈，鱼类丰富，这种环境对双髻鲨来说实在是太完美了。然而，要想发现双髻鲨，我们需要像佛祖一样有耐性。因为双髻鲨动作很快、反应很灵敏，它们那扁平的“锤头”就像机翼一样，是“上升”还是“下降”都由它来决定。至于扁平的腹部以及三角形的身子，这种完美的流线型可以使它们游动的速度加快很多。我们的目的不是要猎得一头双髻鲨，我们要做的只是尽力在水中多待一些时间并静静等待。

我们停靠在海底山等待着，希望能有双髻鲨游经这里。一只海狮出现在眼前又快速地游走了，一条石斑鱼悠闲地“飘”过这里。几个小时过去了，双髻鲨始终没有出现。每次潜水都是这个结果。虽然这里有理想的条件和完美的环境，但双髻鲨就是没有出现。

这里受到了商业性捕捞所带来的严重后果的影响。曾经，成百上千的双髻鲨生活在这里，但现在，它们已经变得非常罕见了，即使出现也只是孤零零的个体。它们正面临着灭绝的危险，曾经为数众多的鲨鱼正在从加利福尼亚湾中消失。而一旦双髻鲨消失，关于这一物种的问题就永远无法得到解答了。

就在我们准备起锚继续航行时，无意中看到了令人悲哀的一幕，这一幕也向我们证明了，双髻鲨的确正面临着困境：我们在海岸上看到了一具已经发白的骨架，大张着嘴，骨架头部是明显的扁平状“锤头”的形状，骨架已经被盖上了一层薄沙。

如果鲨鱼从加利福尼亚湾消失的话，下一个“牺牲品”将是海螺。由于海螺可以入药，贪婪的制药商便“盯住”了它们。但要捕获它们却绝非易事，因为这种圆锥形的软体动物是海洋中少见的毒性很强的生物。

海螺没有洪堡乌贼的迅捷与残暴，也不像鲨鱼可以快速掠夺食物，但也不能小觑这些行动缓慢的海螺，因为它们会让你陷入危险之中。通常，它们出现在相对较浅的海水中，隐藏在泥沙的底部，外壳非常珍贵。海螺的自我保护能力很强，它们体内含有我们

塞里人

这次旅行，我们是和一位塞里潜水员及他的父亲——一位乡村巫师以及一位船主一同从村子里出发去往潜水地点的，这一路十分令人难忘。巫师用传统的方式为我们做了祷告。他的声音清亮动听，盖过了舷外发动机的轰鸣声。祷告结束后，有那么几分钟的时间，四周突然陷入了寂静之中，埃尔因菲耶尼约水库溢洪道中湍流的河水以及远处的索诺拉沙漠似乎都因为听到了他那萦绕不绝的歌声而闪烁着光亮。

对我来说，像这样集商业性与文化性于一体的特殊旅程还是第一次，还好这个开头还算不错。与塞里人一起潜水捕捞扇贝的经历至今都令我印象深刻。他们所使用的潜水装备是最落后的——甚至连安全帽和面罩都没有。呼吸器也仅仅是在嘴里含一根管子，管子连接着水上的调节器。这种潜水装备是19世纪到20世纪50年代间所使用的。

从19世纪开始，潜水员潜水时需要地面人员利用手动泵向下“打”氧气，地面的辅助队员必须不停地抽动手动泵，因为一旦他们停止抽动，潜水员将会有生命危险。潜水员潜得越深，所需要的氧气就越多，因此地面工作人员必须加快抽动手动泵的速度。通常，潜水员拉动三次绳子表示他们需要更多的氧气。如果潜水员不慎掉入了深洞中而地面工作人员又无法得知他对氧气的需求，那么毫无疑问，这种情况会导致严重的后果，大自然会开始发威，潜水员的身体重心会向带着铜质头盔的头部冲去。每堂潜水课都会给新学员们讲这种潜在的危险，许多老资历的潜水员也会用自己与死神擦肩而过的经历以及肩膀上的伤痕来证明这种情况的确发生过。

如今，潜水时使用的地面辅助设备效果很好，但是造价非常高。因此，塞里人凭借他们的聪明智慧，利用一个小型汽油机、一个车辆喷气压缩机、一根橡胶长软管以及一个旧的啤酒桶制作了属于自己的设备，为他们的部落捕鱼。

尽管在途中聆听歌声是一种享受，但我们还是盼望早点顺利到达潜水地点。在过去的2小时中，我们的船只一直在海浪与急流中上下颠簸，致使用于存放潜水设备的木板都变得松动了，所以我一直都紧紧抓着发动机和压缩机，防止它们被水流冲走。当顺利到达目的地时，我们都松了一口气。我们的塞里潜水员已经做好了准备，于是我开启了发动机，确保他的空气供给运转正常，然后朝他竖起大拇指做信号，他便潜入了水中。他穿了一双加重的靴子，在2分钟内就可以到达海底。正当我准备好要追随他时，那个装着空气的啤酒桶出现了裂缝，大量的空气“嘶嘶”地从桶里泄露出来。巫师若无其事地递给我一个塑料袋子和一些细绳，接着居然回到船尾抽烟去了。我尽力用袋子来包裹酒桶以堵住裂缝，然后用绳子一圈一圈缠绕在上面封紧它，但还是可以听到“嘶嘶”声的漏气声。“没

上图　潜水员使用的是最落后的潜水设备。即便已经是20世纪了，但这位潜水员还在通过手动泵来获取氧气。

那老式喷气压缩机所提供的氧气中带有含油脂的物质，这些物质会在他的肺部蒙上一层无法褪去的油层，患上类脂性肺炎的概率极高。还好，现在他有了一种过滤器，使他不会再吸入像灰尘和沙子之类的杂质了。

上图 尽管使用的装备很落后，但塞里潜水员们仍然每天都在蒂布龙岛附近捕捞扇贝。

下图 被塞里人当作是他们祖先神圣化身的棱皮龟，现在，它们是世界上濒临灭绝的海龟之一。

关系的，"那位巫师喊道，"他没事的！你下去吧。"

洋流带来的海水使这里的海水变得浑浊不清，能见度大约只有2米，我只好顺着他呼吸用的橡胶软管向下游动，直到找到他。他很有效率，先是游走在海底找到扇贝，然后跪下来用金属钩子将它们猛拉出来，之后将它们塞入袋子中，又继续游动开始搜索。

他每天要潜入25米深的水中2次，每次2小时。如果你把这些数据输入电脑或记录在表格中的话，你会发现这个潜水员很有可能会患上潜涵病；更为严重的是，他

"Kumkaak"在塞里语中的意思是"人"。这些来自墨西哥的聚居型游牧者十分团结，是少数从未被敌人征服过的土著民族之一。他们曾与西班牙侵略者、犹太牧师、墨西哥政府以及想在他们那里创业的企业家有过激烈的冲突。17世纪时，他们的人口总数为5 000人左右，到19世纪90年代时为2 000人，而现在全世界只有420个塞里人了。造成这种情况的原因并不是战争，而是外来疾病的传播。

由于海中的鱼类越来越少，塞里人不得不寻找新的挣钱方法：为旅游公司制作手工制品。这意味着他们要搬离祖先所生活的蒂布龙岛（1965年这里成为自然保护区）而到大陆上驻扎。1970年，经由墨西哥政府批准，他们成为这个区域内唯一合法捕捞扇贝的人。而他们则靠卖这里的"准入权"挣钱。

塞里人把棱皮龟当作他们祖先的神圣化身，如果不小心捕到了一只棱皮龟，他们将会举行一场长达4天的仪式来保佑它，为它建造一处庇护所，在它的背上画上威力强大的图符，并且要唱歌跳舞来做祷告。不过，最近20年内几乎没有举行过这种仪式，只在2005年举办过一回，因为现在在加利福尼亚湾北部已经很少能够见到棱皮龟了——它们是世界上濒临灭绝的海龟之一。

目前所知的最强的毒素，仅一根刺的毒量就可以杀死70个成年人。由于这种毒素目前还没有解药，所以人一旦被刺，就无药可救了。此外，海螺可以在0.001秒内将它们鱼叉一样的牙齿刺入猎物的身体中，然后将它们致命的毒素注射进去，紧接着将猎物整个吞下去——就像吸食意大利面一样。可以说，被海螺捕食到的猎物都十分可怜。

现在，人们利用海螺的毒液制造出了一种比吗啡还要有效的止痛药。尽管鲨鱼十分可怕，但对于鲨鱼在加利福尼亚湾正在消失的现状来说，很多人还是感到非常痛心。而对于像海螺这种小型软体动物来说，即使它们因为过度捕捞而面临消失的危险，也很少有人会意识到它们的困境，关心的人则更少。

下图　蒂布龙岛（“蒂布龙”在西班牙语中的意思是鲨鱼）是加利福尼亚湾上最大的岛屿。这里曾经是塞里人及其祖先的家园，如今成为自然保护区。这里是大量鸟类的栖息地，现在仍然覆盖着厚厚的鸟粪石。这种物质曾是用于制造化肥和火药的重要成分。

欧洲人的到来

我们一路向北航行。落日的余晖散落在平静的海面上，海鸟已经回巢，随着夜幕的降临，四周开始安

静下来，发电机无休止的轰鸣声刺破了这份安逸。

加利福尼亚湾与人类的关系非常复杂。早期，人类居住在海岸上，靠海而生，不仅没有过度开发海洋资源，还与海洋和谐相处。而如今，海边只剩下一个原始部落——塞里部落。

塞里人十分尽心地保护着这片海洋，这里遗存着他们祖先的精神，是要维护的神圣地域。但自从 16 世纪欧洲人发现了这片狭窄的海域之后，这种对海洋的尊敬就不复存在了。

1536 年，西班牙征服者赫尔南·科特斯（1485—1547）在探测太平洋的墨西哥海岸途中偶然发现了这片海域，并以自己的名字命名了这里。科特斯征服了阿兹特克帝国，但当时贪婪的西班牙君王并没有满足于此，想要继续开拓领土，科特斯因此受到了西班牙君王的责难。而在下加利福尼亚的经历使失落的科特斯看到了希望，他把这片富饶的海域介绍给国王——这里的海底可以轻易地捧出大把大把的珍珠。

很快，贸易航线就开通了，西班牙的大帆船穿梭在欧洲和加利福尼亚湾之间的马尼拉航路。此后不久，人们发现了一种比黄金还值钱的昂贵商品——鸟粪石，就是鸟类和蝙蝠的粪便。由于加利福尼亚湾有丰富的海洋生物，所以吸引了各种海鸟，其中包括蓝脚鲣鸟、军舰鸟、褐鹈鹕、白鹭以及十多种不同的海鸥，也正因如此，加利福尼亚湾中的很多岛屿上都布满了鸟粪石。这些粪便在阳光的照射下变得与石头相似，日积月累，厚度达到了 30 米。由于鸟粪石中富含磷和氮，而这些元素是化肥和火药制作过程中非常重要的原料，因此鸟粪石十分值钱。

到了 19 世纪，这种看似不太可能成为商品的东西却被发现存在另外一种经济价值：鸟粪石在提高农作物产量方面成效显著。因此，人们对鸟粪石的需求量达到了顶峰，欧洲人争抢着来到这片海域的小岛中开采这些难闻的鸟粪石。离海岸线最远的圣佩德罗马蒂尔岛甚至成为罪犯流放地——犯人被押送到这里采集鸟粪石。由于这里的产业在世界上独一无二，帝国因此而得以扩张，商人们也变得越来越富有。但他们在开发这里的同时，也对当地居民进行了疯狂的掠夺。塞里人曾与这片海域和睦相处，尽力维护着这里的生态平衡，但在商业化的驱使下，这里已然变得面目全非。

现在，人类活动还在影响着这里丰富多彩的海洋生命，加利福尼亚湾复杂的生态系统还在不断地发生着变化。农药污染和城市废水正威胁着沿海海洋生物的栖息地，39 种海洋生物已经被列为濒危物种。

正如我们已经提到过的，过度捕捞现象十分普遍，捕捞对象也不仅仅局限于双髻鲨那样的鲨鱼，虾、鲷鱼、金枪鱼、石斑鱼、黑鲈、马林鱼以及沙丁鱼都因过度捕捞而数量急剧减少。举个例子，为了捕捞净重 0.45 千克的虾，通常还会打捞出 4.5 千克其他的海洋生物，而这些海洋生物就被直接杀死并扔掉了。

渔业对这里的生态平衡造成了严重的影响。随着大型脊椎鱼类的数量逐渐减少，无脊椎动物的捕食者也随之减少，致使无脊椎动物的数量逐渐增加。现在，世界上好几处海域都已经是无脊椎动物的天下。海洋正在受到像水母、乌贼和章鱼这样的无脊椎动物的侵袭，而加利福尼亚湾的情况最为严重。

软体动物的侵袭

我们抵达了洛雷托，这里是遭受软体动物“侵略”的主要地点。在清晨的阳光中，我们几乎看不到任何

反常的迹象，然而当夜幕降临时，海面出现了变化，成百上千只巨大洪堡乌贼的出现使原本安静清澈的水面充满了生机。洪堡乌贼的名字来源于东太平洋上的洪堡洋流，它们也被称作巨型乌贼。此外，当地的渔民由于惧怕它们，把它们叫作“红魔鬼”。

洪堡乌贼是乌贼世界的终结者。它们身长可达 2 米，重可达 45 千克。巨大的头部周围布满了捕食用的触手，每个触手上都密布着抓取猎物用的吸盘，每个吸盘上都有锋利的倒钩，它们就是利用这些倒钩来刺穿猎物并将它们拖入嘴中的。这些乌贼的攻击性很强，尽管它们主要以小型鱼类为食，但它们也会攻击鲨鱼，甚至互相攻击。据当地渔民称，这些乌贼先会用触手将对方困住，再用它们带有倒钩的吸盘将猎物撕碎。

洪堡乌贼游动的速度可以和附近沙漠中奔跑的狼的速度相匹敌。有些时候，它们甚至还可以“飞”起来：在争抢食物或者逃脱捕食者时，它们可以从身体内向外排水而将自己“推”出水面。

有现象表明，这些乌贼变得越来越狡猾了。近期的研究显示，洪堡乌贼可以彼此进行交流并且成群结队地捕食。所有的乌贼都可以发光，洪堡乌贼可以迅速将光的颜色从褐红色变为乳白色，或这其间的任何一种颜色，并且不停地闪动着。由此可以推测，乌贼间应该是利用这种颜色的变化和闪动频率的不同而进

左页图与上图　洪堡乌贼身长可达 2 米，通常被当地渔民称为“红魔鬼”。它们触手上的吸盘带倒刺，可以刺穿猎物的肉体。这些具有攻击性的动物会攻击鲨鱼甚至是渔民。

行交流的。这些乌贼通过相互闪光进行沟通之后能够形成一个捕食团队，以此来捕食成群的猎物。

白天，洪堡乌贼在至少 70 米深的水下活动，因此所有关于它们的研究和观察都无法展开。只有在夜间，它们才会游到水面附近，这时，海面上会变得异常恐怖，你会看到成百上千只乌贼聚集在一起、如饥似渴地捕捉猎物的场面。

在圣罗萨莉娅海岸线以外的水域中，最多时共有 1 000 多只洪堡乌贼聚集于此凶残地捕食。然而在几十年前，这里连一只乌贼都没有。

1940 年，当约翰·斯坦贝克和生物学家雷克茨来到这里研究海洋生命时，他们的记录中并没有提到过乌贼。当时，洪堡乌贼只出没在更靠南方的南美洲的秘鲁附近。1959 年，它们首次出现在了加利福尼亚湾中——但当时还仅仅是这片海域中偶尔出现的稀有物种。可是，到 20 世纪 70 年代末期，这片海域中出现了大规模的洪堡乌贼。

据估计，现在在圣罗萨莉娅仅 65 平方千米的海域中，有着超过千万只洪堡乌贼。乌贼数量的暴增是由多个原因造成的。其中一个原因是过度捕捞，乌贼天敌的数量急剧减少，同时，由于全球气候变暖，海水的温度升高，使得乌贼在偏北的地方也得以生存。

不论是什么原因造成了乌贼的入侵，乌贼的数量都在呈指数增长。这个区域的乌贼捕捞业达到了全盛时期，每晚都有成百上千的渔船捕捞乌贼。一艘渔船一晚上可以捕获超过 907 千克的乌贼，每年都有超过 100 万吨的乌贼从加利福尼亚湾中被捕捞上岸。但尽管如此，乌贼的数量仍然在持续增长。乌贼的寿命大概只有 1 年，但它们的繁殖能力极强，每只雌性乌贼在一生中可以产卵 3 000 万个。现在，在加利福尼亚湾中，洪堡乌贼已经占据了主导地位，而且它们的数量仍在增长。

此时是凌晨 3 点钟，我们已经在风大浪急的海中度过了数个夜晚，其间还时刻警惕着乌贼的突然进攻，所以此时此刻，我们很难有心思去欣赏这些具有攻击性的动物了。我承认，在这里所有的海洋生命中它们无疑是最成功的，同时，在世界各地的海洋中，乌贼都在演出相同的戏码。

海中之“狮”

我们已经筋疲力尽了，并且忍受着猛烈的水流冲击，在这种情况下只有一件事驱使着我们继续前进，那就是这次旅行的最后一个任务：寻找抹香鲸。作为世界上最大的动物之一，加利福尼亚湾的抹香鲸无疑是这里生态轮盘赌局的大赢家。几年前，由于深海鱼类的减少，以此为食的这些庞然大物面临着灭亡的威胁。而如今，数量暴增的乌贼成为它们的新食物，抹香鲸的数量正在逐渐恢复。我们要前往圣佩德罗马蒂尔的鸟粪石岛，那里时常有鲸出没，我们希望能够在那里见到抹香鲸，并且期待与它们一起潜水。这是这趟旅途的高潮所在，每一位潜水员都对此充满了期待，尽管与这些庞然大物相比，我们显得非常渺小。

实际上，这场面远比我们想象的要壮观得多。

由于抹香鲸还在南边，需要向北游几天才能到达这里，所以探险队决定先调查一群充满活力且高度睿智的动物——海狮。生活在这里的海狮叫加利福尼亚

右页图　加利福尼亚的海狮极其聪明友善。尽管在某些地方海狮的食物逐渐减少，但其他地方的海狮却越来越多，就像我们在洛斯群岛上所见到的一样。

上图 海狮可以通过多种方式交流，其中包括通过吹出气泡来吸引其他海狮的注意。

海狮，是最常见的鳍足动物（脚像鳍一样），加利福尼亚湾域约有 23 000 只海狮，遍布整个海岸线。这些海狮非常聪明，它们经过训练后可以在马戏团、海洋公园或动物园进行表演。也正是因为它们的聪明和敏捷，美国海军可以利用它们“夹出”敌军潜水员来保护进入敌方海域的军舰。经过训练，海狮会“跟踪”靠近船只的敌军潜水员，将一个连着绳子的夹子夹到潜水员的腿上。海军官员称，海狮可以在几秒钟之内完成任务，敌人发现时则为时已晚。

海狮也受到过度捕捞的影响，因为它们主要的食物（沙丁鱼和鲭鱼）都快消耗殆尽了。在世界范围内，一些海狮正在挣扎求生，但并不是所有的海狮都这样。有些海狮很好地适应了人类活动和商业捕捞的侵扰，数量不断增加，洛斯群岛上由大约 100 只海狮组成的海狮群就属于后者。它们是高度群居的动物，能够利用“口头语言”进行交流。雄性海狮发出的“隆隆”的低音甚至可以传到好几千米以外，它们那巨大的半圆形头骨不仅是外观上的标志，也像回音室一样给它们强有力的叫声增加了共鸣腔。

海狮、海象与海豹都是在 2 300 万年前由与熊的习性类似的动物进化而来的，那时候气候由温暖转变为寒冷。海狮是大型生物，一只雄性海狮可长达 2.4 米，重 125 千克，雌性海狮要小得多，体重只有 45 千克。它们在岸上显得很笨拙，但在水下就像威力强大、行动自如的鱼雷一样。它们是通过转动前肢将自己向前推进的，动作娴熟且速度极快。海狮的运动速度最快可达每小时 40 千米。

它们在水下尽显顽皮友善的本性：海狮幼崽会快速冲向潜水队员，然后又迅速撤回，用这种方式邀请我们与它们一起玩耍。有时，成年雄性海狮还会通过吹出一串气泡来提醒小海狮与潜水员保持距离。

海狮通常是一边潜水一边捕食猎物的，主要以商业价值很高的鱼类为食。但由于这些鱼类的数量在迅速减少，一些海狮正在“学习”新的猎食模式，洛斯群岛上的海狮就是这样。人们是在分析了海狮的粪便后才发现它们的这种新的适应力的。它们的粪便中有未被消化的鱼骨头，通过对其中的鱼耳石进行分析可以分辨出这是什么鱼。通过这项研究人们发现，与其他海狮群不同，这里的海狮会潜入更深的海水中去捕获像灯鱼和深海黑鲈鱼这样的深海鱼类作为食物。这种行为非常异常，因为通常来讲海狮对这些鱼类是不屑一顾的，但由于这些鱼类没有太高的商业价值，因此数量很多，可以为海狮提供足够的食物来源。研究还发现，海狮还将这种新的生存方式传递给了下一代。小海狮在长到可以自己捕食的时候，就开始学习潜入更深的海水中捕食了。这是关于海狮适应能力的又一新发现，但同时也再次显示了加利福尼亚湾的生态圈正在发生着变化。

与庞然大物共舞

最终，我们抵达了圣佩德罗马蒂尔。这座小岛看起来美极了，白色的岩石在阳光下闪闪发光，与臭气熏天的鸟粪石所形成的闪亮“白毯”有着天壤之别。

这里是世界上观察抹香鲸最好的地点之一，在经历了长途迁徙后，抹香鲸会在这里生育和休息。这里甚至出现过来自科隆群岛的雌性抹香鲸。要知道科隆群岛可在 3 800 千米之外。加利福尼亚湾还吸引了其他不同种类的鲸：长须鲸、蓝鲸、巨头鲸、虎鲸以及座头鲸等。众多的大型哺乳动物使加利福尼亚湾显得十分特别。

尽管这片海域吸引了抹香鲸慕“食”而来，而且

它们的数量非常稳定，但人们很少能看到它们，所以对抹香鲸的了解并不多。海洋探险队希望此行能够看见抹香鲸，并且了解它们的生存状态，这样可以对抹香鲸有更多的了解。

造成抹香鲸难以被研究的一个原因是它们很少在海面停留。在哺乳动物中，它们是憋气时间最长的一个，一次吸气后可以在水下待上 2 个小时，因此它们可以潜到海洋深处去。它们也是地球生物中潜水最深的，有记录记载它们可以潜到水下 3 000 米的地方。同时，它们还是地球上最大的肉食动物，一头雄性抹香鲸可长达 16 米。此外，抹香鲸为《白鲸》中的故事提供了灵感，水手们也因此在长达几个世纪的时间里对抹香鲸感到十分恐惧。虽然它们体积庞大，但想在广阔无边的海上找到它们却并不容易。

虽然想要看到抹香鲸很困难，但想要听到它们就容易多了。它们使用复杂的“咔哒声”来定位、交流以及交配，不同的“咔哒声”所表达的意思各不相同。通常情况下，抹香鲸会使用一种较稀疏的“咔哒声”来定位猎物。此外，它们还会利用一种较为简短的爆破声来把自己的位置告诉远处的同伴。缓慢深邃的咔哒声通常是雄性抹香鲸求偶时所使用的，这些声音异常响亮，超过 230 分贝，相当于来复枪在距离耳朵 1 米处发射子弹时的音量。最近，研究人员开始研究鲸的声音是如何能在水中传播超过 55 千米的。抹香鲸颅骨的顶端有一个特殊的叫作“鲸蜡”的器官，里面充满了乳白色的半液态蜡状物，早期捕鲸者错把它当作精液（sperm）——抹香鲸（sperm whale）因此得名。实际上，“鲸蜡”是一个强大的声呐器官，多变的肌肉外鞘使抹香鲸可以发出有力且多变的声波，声波发出之前，会先在鲸巨大的头颅内部产生共鸣。

利用方向性水听器我们可以识别出鲸所在的位置，依此追踪它们的行踪。如果在潜水时接近它们，你会听到类似交响乐一样的“咔哒声”。对于普通人来说，这种混乱的声音毫无规律可言，但科学家们在这种复杂的“语言”中发现了一些特别的东西：除了“咔哒声”之外，鲸在相互交流时还会发出某种尾音作为结束音，甚至还会重复某些旋律。这些尾音各不相同，似乎比咔哒声含义更丰富。最终通过对不同的鲸群体结尾音的对比，研究人员发现每个鲸群都有自己的结尾音。

就像讲英语的人有不同的口音一样，不同的鲸种群之间也会有彼此不同的结尾音。鲸是高度群体化的动物，每个种群的成员之间可有长达几十年的联系。正是凭借这些不同的尾音，鲸在穿越海洋时才得以识别对方是不是自己的“亲人”。

海洋探险队利用水听器探测到过鲸的出现，然而每当他们要接近鲸进行观察时，鲸都会潜入水中，道一声“再见”后就逃走了。这种情况发生过很多回。当筋疲力尽的一天即将结束时，鲸终于来到了海面并停留在了那里。

雌性抹香鲸是高度群居型的动物，一般情况下，一个鲸群由 12 头雌性抹香鲸以及它们的幼崽组成。这种结构使雌性抹香鲸可以潜入深海中寻找食物，它们的幼崽则留在水面被群体中的其他雌性抹香鲸保护。

当雄性抹香鲸长到 6 岁时，便开始脱离原群体，进入一个全部由“单身汉”所组成的新鲸群，之后再逐渐变为单独行动的个体。而雌性抹香鲸一直都待在群体中负责觅食、保护幼崽，且长达数十年之久。

在加利福尼亚湾的水面上，鲸群开始展示它们复杂的行为举止：5 头雌性抹香鲸开始绕着彼此翻滚，并轻轻地摩擦爱抚彼此。这些庞然大物不断地扭转身

上图　这个鲸群中还有一些雄性抹香鲸。这片海域是鲸重要的繁殖场所。

第110~111页图　雄性抹香鲸最长可达20米长，虽然它们体积庞大，但很少能见到它们。如果你看到了一头，那真是十分幸运。

上图 与圣佩德罗马蒂尔的抹香鲸一起游泳是整个海洋探险中最精彩的部分。

下图 这些是与抹香鲸相遇时拍到的照片，照片中清楚地显示了其中一头雄性鲸正在发情。

体，就像跳芭蕾舞一样。这种“爱抚”似乎是在进行按摩，去除死皮的同时，也可以增进群体成员之间的感情。我们知道雌性鲸会以这种方式群居，但能如此近距离地目睹这一切实在是太幸运了。水下的场景更为壮观，5 头巨大的抹香鲸正相互纠缠在一起，温柔地爱抚彼此。对潜水员来说，这是一次特别值得铭记的神奇经历。

与我们一同潜水的，还有来自拉巴斯海洋科学交叉学科中心的戴安・金德伦博士。他发现眼前的情景与以往见过的情景并不相同，眼前的情景有些奇怪，他还是头一次见到。原来，这个群体中还有一些年轻的雄性抹香鲸，并不是我们认为的全是由雌性抹香鲸组成的。通过观察它们的行为，我们不仅发现了群体里有 2 头年轻的雄性抹香鲸，还发现它们正处于发情期，它们勃起的生殖器在水中清晰可见。除此之外，鲸群中还有一头较大的雄性抹香鲸也在发情。这是非常罕见的情景，因为通常情况下，雄性抹香鲸会待在较冷些的水中。

这一切都说明，这里是鲸重要的繁殖场所，并且我们已经亲眼看见了它们的交配过程。这不仅仅是一次令我们倍感愉快的经历，作为这次旅途的结尾，它们还使我们对这种高深莫测的生物有了一个独特的认识。

探险结束了。这趟旅途揭示了人类与海洋之间不断变化着的复杂关系。由于人类的过度捕捞，加利福尼亚湾的生态环境已经发生了变化（仍在变化着），并且这种变化很多时候都是我们无法预知的。由于这些变化，海狮要学会适应新的环境，乌贼的数量开始暴增，抹香鲸的数量也在增加。加利福尼亚湾这片富饶的海域在孕育着各种各样美丽的海洋生命的同时，也向人们展现了一个变化中的海洋世界。

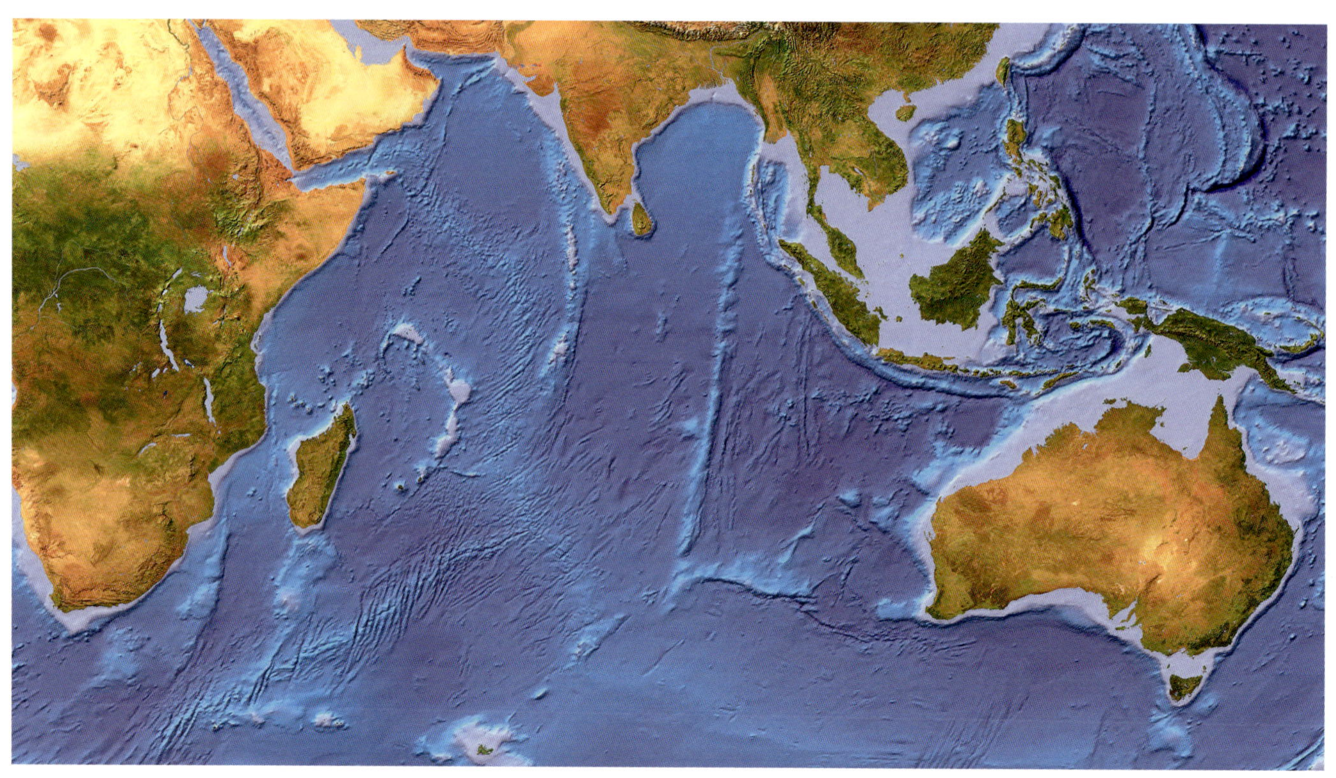

上图 这幅由电脑绘制成的图片展示了印度洋的地质概况。由于海水与周围的陆地存在温差，所以这个与众不同的海洋上有着独特的天气系统。

右页图 保尔·罗斯在等待着将阿尔戈浮标安放到预定的位置。“凯洛斯号”上的起重机将会把浮标丢入海中，等罗斯把浮标安放到预定位置后，这个浮标将在这里工作 4 年。

我们到达坦桑尼亚首都达累斯萨拉姆时，那里正人潮涌动，非洲特有的响亮而有节奏的音乐夹杂着海鸟的尖叫声此起彼伏。市场上的商人叫卖着他们的货物，而这叫卖声又几乎被码头机器的轰鸣声所淹没。椰子油的香味、浓烈的香料味以及烤鱼的味道像云朵似的飘散在海上的空气中。在海港那长长的走道尽头停靠着一艘做工精细的船只——“凯洛斯号”。未来的几天，我们将乘着这艘狭小的船驶向印度洋的最远处。此行，我们要完成一项艰巨的任务。

我们即将到达有着众多小岛的印度洋。这片海洋养育着岸上 3 000 万的人口，有着丰富的石油资源，纵横交错的贸易航路将东西海岸相连。除此之外，印度洋上的洋流还影响着全球的气候。与其他海洋不同，印度洋在影响人类历史的同时，也指引着人类的未来。

洋流的驱动力

首先，我们要去调查印度洋洋流，这些洋流对我们有巨大的影响力，印度洋之所以重要，也正是因为这些洋流。只是，直到最近，科学家们才开始意识到这些洋流的重要性。现在，我们对这些洋流的了解还非常有限，其中一个原因是科学家们很难在岸上对几千千米以外的深海中复杂的三维环境进行实时监

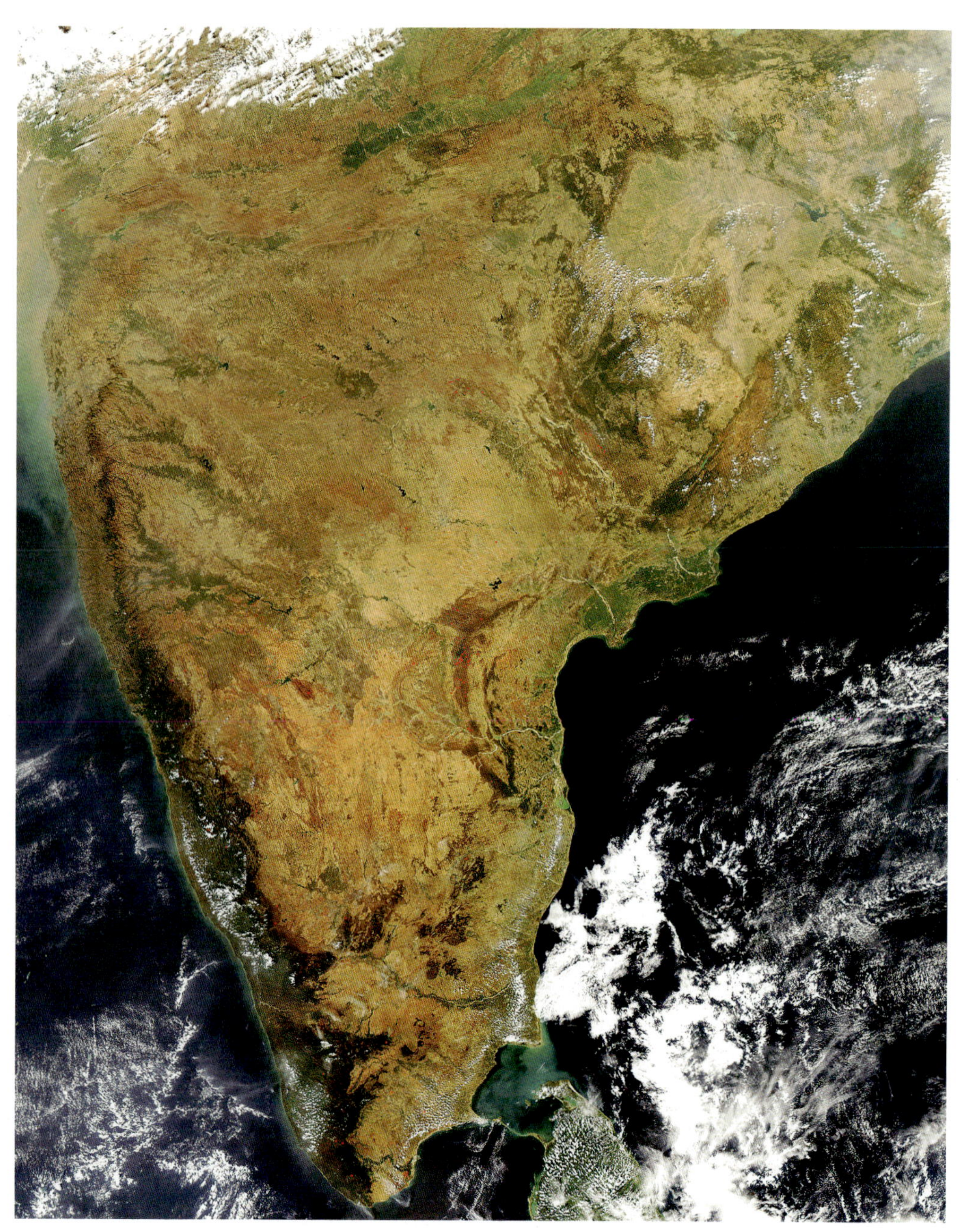

上图　美国国家航空航天局的卫星图显示，印度南部、斯里兰卡北端以及孟加拉湾通常是飓风的发源地。

第 116~117 页图　日落时，桑给巴尔岛石头镇上的大批渔民准备出海捕鱼。第一批定居在这里的居民就是被这片海洋吸引来的。

第四章

印度洋

宁静与风暴

单单是“印度洋”这个名字就可以在人们脑海中唤起一番美丽的景象：被阳光照射了整整一天的浅滩上，异国温暖的海水变成了青绿色。众所周知，这个位于亚洲、非洲、南极洲以及大洋洲之间的海域十分迷人——这里有深邃的宝蓝色的海水、美丽而稀有的生物、珍贵的海洋遗产以及生机勃勃的珊瑚，而这些还只是它传奇的一小部分而已。

印度洋面积达 7 056 万平方千米，是世界第三大洋，周围有许多美丽的海滩，大家能想到的就有塞舌尔群岛、果阿以及马尔代夫。与此同时，这里还人口众多。然而，2004 年节礼日[①]那天的海啸使印尼的苏门答腊岛遭受了重创，约有 275 000 人在这场海啸中丧生，数以万计的人无家可归，失去了工作，变得穷困交加。这场灾难是由苏门答腊岛海岸外的水下地震引发的，震级达到了令人难以置信的里氏 9.1 级，并且持续了将近 10 分钟之久。在此期间，接连有与城市办公楼一般高的海浪以每小时 805 千米的速度从海上冲向岸边。

印度洋是地震多发地，同时，地球上最“凶狠”的暖流之一——厄加勒斯暖流——横跨了印度洋。所以通常像这种地方，会出现被分割开来的一个个的小岛。湍急的海水还会打翻船只。同时，这里也是灾难性暴风雨的发源地。总而言之，这片海域既有明媚的阳光，又有猛烈的气旋雨；既有宁静的海水，又有狂躁的暴风雨；既有非凡的美丽，又有刺骨的恐怖。海洋探险队到这里来是想领略这片海域迷人的魅力，同时还想要探索这里丰富多彩的海洋生物。

① 节礼日：每年的 12 月 26 日。

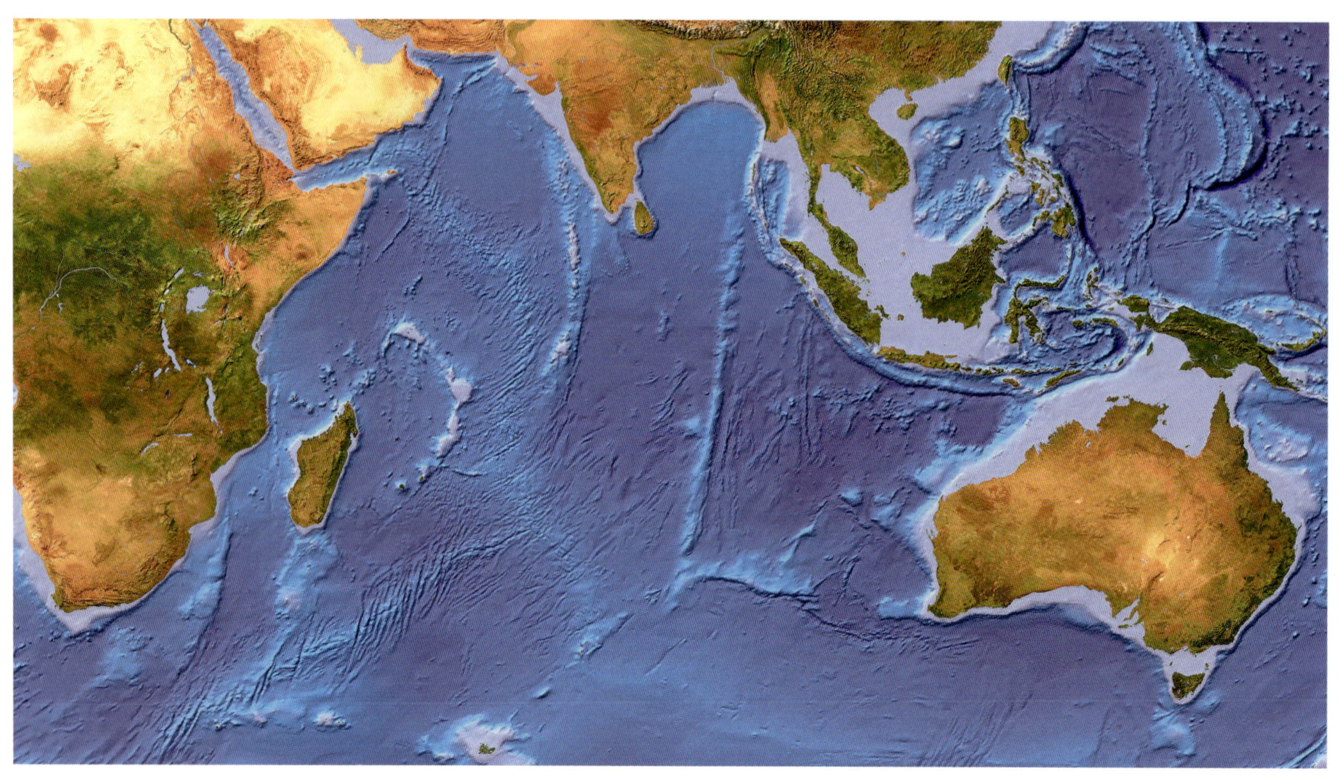

上图　这幅由电脑绘制成的图片展示了印度洋的地质概况。由于海水与周围的陆地存在温差，所以这个与众不同的海洋上有着独特的天气系统。

右页图　保尔·罗斯在等待着将阿尔戈浮标安放到预定的位置。“凯洛斯号”上的起重机将会把浮标丢入海中，等罗斯把浮标安放到预定位置后，这个浮标将在这里工作 4 年。

我们到达坦桑尼亚首都达累斯萨拉姆时，那里正人潮涌动，非洲特有的响亮而有节奏的音乐夹杂着海鸟的尖叫声此起彼伏。市场上的商人叫卖着他们的货物，而这叫卖声又几乎被码头机器的轰鸣声所淹没。椰子油的香味、浓烈的香料味以及烤鱼的味道像云朵似的飘散在海上的空气中。在海港那长长的走道尽头停靠着一艘做工精细的船只——“凯洛斯号”。未来的几天，我们将乘着这艘狭小的船驶向印度洋的最远处。此行，我们要完成一项艰巨的任务。

我们即将到达有着众多小岛的印度洋。这片海洋养育着岸上 3 000 万的人口，有着丰富的石油资源，纵横交错的贸易航路将东西海岸相连。除此之外，印度洋上的洋流还影响着全球的气候。与其他海洋不同，印度洋在影响人类历史的同时，也指引着人类的未来。

洋流的驱动力

首先，我们要去调查印度洋洋流，这些洋流对我们有巨大的影响力，印度洋之所以重要，也正是因为这些洋流。只是，直到最近，科学家们才开始意识到这些洋流的重要性。现在，我们对这些洋流的了解还非常有限，其中一个原因是科学家们很难在岸上对几千千米以外的深海中复杂的三维环境进行实时监

10

控。而我们此行就是试图潜入深海来做调查。我们被邀请加入了一个国际性的研究课题，课题任务是创建一个动态的实时海洋细节图。"凯洛斯号"的甲板上有一个长长的木制箱子，里面装有最先进的海洋监测浮标机器人。在世界范围内，类似这样的浮标有将近3 000个，它们形成了一个海洋监测网络。这种圆柱形的浮标是因英雄杰森①的探险而得名"阿尔戈浮标"的。我们可以把这些浮标放到1 000 ~ 2 000米深的海中，当洋流经过这里时，浮标便可以记录下温度、盐度及其所在的位置。10天后，浮标会自动升到海面，通过卫星将所收集的信息发送给一个接收站，此后浮标会再次潜入水中开始下一个为期10天的数据收集过程。这种剖面浮标从2000年起就开始投入使用了。将这些浮标放入水中几小时后，它们就可以将数据发送给远在8 045千米外的英国利物浦的科学家，他们会凭借收到的数据来研究印度洋该区域的洋流及生态环境。

浮标被激活后，我们要在6个小时内将它放到预定的位置。在水下10米深处，这个长2米、重25千克的浮标就要开始它的首次工作了。甲板上的起重机把它丢到了海水中，而早已等待在水中的潜水员会把它放到预定的位置。这个安放过程非常具有挑战性，因为在海洋深处，潜水员在一片汪洋中很容易迷失方向，甚至是上下颠倒，以为自己是在向水面游动，而实际上是往相反方向的海底游去，如果发生这样的情况后果将不堪设想。

浮标消失在我们的视线中了，即将开始它在印度洋中的第一次深海作业，所有的队员都松了一口气。这个浮标要在这里工作至少4年时间，这期间它大概要往返海面150次来传送收集到的数据。这些数据不仅仅是用于学术研究。由于海洋与大气息息相关，在世界范围内投放的3 000个浮标将测出全球气候变化对海洋所产生的影响，同时也会预报一些极端天气情况，例如1998年极具破坏力的厄尔尼诺现象，台风及飓风的走势。此外，我们还可以根据在印度洋中工作的这些浮标所传回的数据来预测天气情况，例如雨会下多大，会在什么时候下以及在哪里下。

剧烈变化的天气

由于海洋和相邻陆地间存在温差，所以会形成猛烈的热带季风。科学家最近研究发现了印度洋偶极子的振荡可以对气候产生类似"跷跷板"一样的影响。这一复杂多变的振荡系统是在1999年被发现的，但如果根据生长在这里的珊瑚来做检验并推算的话，这一系统所带来的影响可以追溯到10 000年前。当偶极子处于正位相时，西部海水表层的温度高于东部，这使得西部的对流循环洋流增强，东非与中东地区将会有强降雨及洪涝灾害，但位于印度洋东边的印度尼西亚却因没有降雨而导致干旱及诱发森林火灾。而当偶极子在负相位时，非洲将会面临干旱，而印度尼西亚将遭受暴雨。

就在阿尔戈浮标成功安放的第二天，我们真正体会到了印度洋天气系统的巨大威力。一场热带暴风雨

① 英雄杰森：杰森是古希腊神话中的英雄，他所驾驶的船叫"阿尔戈号"。这个古希腊故事已经流传了3 000多年。这个故事是非常典型的英雄冒险传说，是古希腊式的"不可能的任务"。英雄杰森肩负着艰险而又重大的任务——找寻金羊毛。他一路取道海路到达一个危险的未知之地。而找寻金羊毛的目的在于帮助他的父亲从篡位者手中夺回权力。

右页图　生长在奔巴岛水下峭壁上的大量海鸡冠。

上图 这幅卫星图显示的是 2007 年袭击孟加拉湾的锡德气旋风暴，当时的风速超过每小时 128 千米。

右页图 印度洋的物产并不丰富，但奔巴岛的水下峭壁却是一个例外。在这里，洋流将海洋深处低温且富含养料的海水带至了上层，为游经此地的热带鱼类创造了一片“绿洲”。

第 126~127 页图 马达加斯加附近的格洛里厄斯群岛美丽的海底景象。这里有许多热带鱼类，包括妞妞鱼、仙女鱼以及乌尾冬鱼。

突然来袭。狂风卷着海水呼啸而至，大雨倾盆，“凯洛斯号”的甲板上满是从遮阳帆上倾泻而下的雨水。但大雨使海面奇迹般地安静了下来，海浪也不再像之前那样猛烈了。我们正在去往距离非洲海岸 80 千米处的奔巴岛的途中。奔巴岛是坦桑尼亚海岸线外的三个岛屿之一，另外两个岛屿是桑给巴尔岛和马菲亚岛，它们常被统称为“桑给巴尔群岛”或“香料群岛”。即使在天气情况最好的时候，航行在印度洋的洋流中也是极其危险的，更不用说是在风速达每小时 45 海里的条件下了。不过这也提醒着我们，这些岛屿附近的洋流拥有着惊人的威力。

奔巴岛是这些岛屿中历史最悠久的，大概形成于 1 000 万年前。由于当时海底发生了地震，这座小岛从海洋深处升到了海面。现在，这里相当于位于非洲大陆边缘地带的一个小型次大陆。它被阿拉伯人称为“绿色之岛”，因为这里生长着将近 300 万棵丁香树。岛的四周水深可达 800 米，在潜水时可以看到陡峭的岩壁直直插入海中，架构十分特殊。岩壁上还有一些裂缝及突起，这是湍急的赤道洋流在流经印度洋时在桑给巴尔群岛附近猛烈撞击岩石而留下的痕迹。

水下峭壁

我们的下一个任务是潜入水中观测一个十分奇特的景观——岩石上深深的大裂缝。

表面看起来，海水平静，但潜入水中，水下的世界则完全是另一番令人难以置信的精彩景象。在海中，有高过喜马拉雅山的山脉，有堪比美国大峡谷的海下峡谷和沟渠，有不断喷出岩浆的火山，甚至还有海脊山上倾泻而下的长达 2 000 米的瀑布——但这瀑布倾泻的不是水，而是沙。

奔巴岛的水下峭壁非常壮观，毫不逊色于陆地上的任何峭壁。在沿着峭壁向下潜游的过程中，有两件事令潜水员惊叹不已——威力巨大的洋流和丰富的海洋生物。海底的岩石上有着许多五颜六色的海葵，海鳗、蚰鱼和成群的虾躲藏在其间。同时，这里还有各种美丽的鱼，例如离鳍鱼和叶鱼，这两种鱼都有一种神奇的能力，就是在猛烈的洋流中保持岿然不动。此外，还有肥皂鱼、艳丽的泰坦扳机鱼，甚至还有巨型隆头鱼，这种鱼可以长到 2 米长，成年后，还能奇迹般地从雌性变为雄性。一些稀有鱼种，例如狮子鱼及豹魴鮄，在这里也都可以找到。

作为一个热带海洋，印度洋的水产品并不丰富。但是，由于洋流将寒冷且富含养分的海水从海底深处带到了上层，这里就像沙漠中的绿洲一样吸引着“路过”的鱼类。

在洋流的作用力下，潜水员沿着峭壁游动，最终看到了那个在岩石上的巨大的裂口——一个几米宽的裂缝。这个裂缝是由于洋流巨大的作用力侵蚀了石灰岩而形成的。刚看到这个裂缝时，潜水员们已经觉得不可思议了，但进入裂缝中后，潜水员们发现了更加令人惊讶的景象：里面像是正在上演一场盛大的珊瑚展。这里有海鸡冠、片脑纹珊瑚、深绿色的珊瑚树、大片的鞭珊瑚以及像大块海绵一样的盘珊瑚，它们都生长在裂缝四周陡峭垂直的岩壁上。垂直的岩壁本身就非常罕见，而在岛屿的地基深处出现这样一个垂直的岩壁就更是十分难得了。

在斯瓦希里语中，表示“岩石”和“珊瑚”的是同一个词。而在现实生活中，两者却是截然不同。岩石是非生命体，而珊瑚却是活的。实际上，珊瑚是个很复杂的物种，属于半植物半动物的结合体，并且自身就是一个功能完善的小型生态系统。珊瑚上生长着珊瑚虫，珊瑚虫是一种动物，体积很小，能分泌出一种石灰质物质（珊瑚石）作为外壳把自己包裹起来。与珊瑚虫共生的是单细胞海藻——虫黄藻，由于这些海藻的颜色不同，珊瑚才呈现出了不同的颜色，而这些颜色是虫黄藻进行光合作用所产生的色素。

这些生物不仅仅是给珊瑚增添了颜色，实际上，珊瑚与海藻是互惠关系：白天，海藻通过光合作用将光能转化为养分、氧气以及碳化合物，为珊瑚的生长提供了 90% 的营养，与此同时，珊瑚也为虫黄藻提供了一个安全的生长环境以及足够它们进行光合作用的二氧化碳。

而夜间，情况就不一样了。珊瑚虫会伸出捕食用的触手，利用一种叫作“刺丝囊”的刺细胞在黑暗中捕捉附近的浮游动物。此外，由于珊瑚生长在裂缝里，而洋流会将一拨拨微小的浮游生物带到裂缝中，就像向裂缝中“派送”比萨一样，所以这里是珊瑚的捕食天堂。

夜晚，珊瑚呈现出了另一番模样，变得生机勃勃起来，像其他夜间活动的生物一样开始觅食。海洋探险队希望可以找到世界上最艳丽、最大（也最抢眼）的海参。这种海参属于软体动物的一个分支，它可长到 40 厘米长。夜间，它们游走在礁石间寻找食物，主要以无脊椎动物为食，包括海绵动物、软珊瑚，就连曾经吓退了葡萄牙舰队的水母，也只是它们口中的美味而已。值得一提的是，当它在水中“飞”过时，它的颜色会发生变化，红色的“裙子”会闪闪发光，就像弗拉门戈舞者一样,它也因此得名“西班牙舞者”。

现在我们知道了，生长缓慢的珊瑚礁在夜间像“动物”一样捕食，白天却变成了一株安静的“植物”。因此，它可以与处在相同环境而生长速度很快的大型海藻共分天下。

上图 有“西班牙舞者”之称的世界上最艳丽的海参，它在洋流中游动时艳丽的“红裙”会随水而漂动，因而得名。

由于珊瑚的特性，我们很难说大多数时候它是像“植物”一样从周围环境中吸收二氧化碳，还是像“动物”一样通过呼吸作用排出二氧化碳，从而加剧了全球气候变暖的趋势。因此，珊瑚到底是碳的吸收者还是释放者，直到现在仍然是个备受争议的问题。

但是，有一点是毋庸置疑的，那就是珊瑚礁在海洋中扮演着重要的角色。珊瑚礁就像水中的热带雨林一样，产出氧气而使海洋中得以有生命存在，同时，它们也为很多鱼类提供了“住房”，甚至也为人类提供了落脚点。本次旅程，探险队想要调查一下这片海洋对人类发展所产生的影响。

“沉没之城”拉斯吉斯玛尼

早上，我们将“凯洛斯号”停靠在石头镇的码头边为接下来的旅途进行补给。石头镇位于桑给巴尔岛，镇上的建筑由于受到了非洲、伊斯兰、印度以及欧洲建筑的影响而十分精美，因而此地成为世界文化遗产。

上图 桑给巴尔群岛附近的渔民仍然在制造和使用的传统的单桅三角帆船。我们就是乘着这种船前去搜寻“沉没之城”拉斯吉斯玛尼的。

右页图 到达“沉没之城”可能所在的区域后，我们便采用了现代科学仪器进行辅助搜索，例如通过使用潜水推进器，可以使搜索的速度更快、范围更广。

小镇的市场上人声鼎沸，目之所及尽是斑斓色彩，强烈的香料味四处弥漫。岸上繁忙的景象与海中活跃的珊瑚礁交相呼应。实际上，正是由于被这片美丽的大海所吸引，第一批居民才定居于此。桑给巴尔岛不仅有充足的食物，还有丰富的香料——当时，香料的价值等同于黄金。所以，首批移民者选择了桑给巴尔岛而不是非洲大陆。

公元 7 世纪到 13 世纪间，来自非洲的班图人、来自中东的阿拉伯人和波斯人移居于此，将这里发展成了非洲海岸上的贸易中心。这些人就是后来的斯瓦希里人（Swahili），他们的文化是斯瓦希里文化，这个名字来自阿拉伯语中的“sahili”，意思是海岸。

公元 1000 年左右，马菲亚岛的南端建起了一个重要的小镇——拉斯吉斯玛尼小镇。它是中世纪重要的阿拉伯城镇，居民多为希拉商人（波斯人），这些人利用季风的风向驱使他们的商船沿着非洲东海岸来回进行贸易活动。

然而，现在的拉斯吉斯玛尼只徒留了一摊沙石。曾经的繁华被 1872 年的一场飓风所摧毁，曾经十分辉煌的拉斯吉斯玛尼静静沉睡在了这片大海中。

这次，我们乘坐的是当地仍在制造和使用的一种传统的木制单桅三角帆船，准备前往古城原先的地点去寻找淹没后的遗迹。由于要搜索的范围太广了，因此潜水员配备了潜水推进器，使搜索的速度更快、范围更广，氧气也不会被白白浪费掉。

最初，在海底只看到了一丛丛的水草。但经过一番仔细的搜寻后，潜水员发现了一小片瓷器。那是一片红色的磨光瓷器，是当地典型的手工制品，也清楚地表明了这里确有人居住过。这个发现令队员们激动不已，但这仅仅是个开始。在这附近，队员们接连发现了破碎的石制品，以及用于建造房屋和庙宇等建筑的粗石块。它们应该是 19 世纪末期飓风将整座城市掀入海中时留下的。

随着搜索的深入，队员们发现了另一片瓷器碎片。这一碎片表面光滑，上面精美的蓝色和绿色线条清晰可见。队员们猜测这是一片青瓷瓷器的碎片，而青瓷产于东方并非此地，所以这个瓷器很有可能是从中国被带至此地的。最终，这片瓷器被认定制造于 15 世纪。在此之后，队员们又发现了另一片历史更为悠久的瓷器碎片：一片波斯五彩拉毛工艺的陶瓷碎片，大约制造于 13 世纪。

这片碎片十分难得，它是拉斯吉斯玛尼文明全盛时期的标志。拉斯吉斯玛尼文明是当时穆斯林文化的重要组成部分。在拉斯吉斯玛尼文明的全盛时期，统治者和商人们建造了无数的清真寺和宫殿，铸造并发行了货币，此外还从包括中国在内的其他地区进口了陶器和其他商品。而当时的欧洲，才刚刚从黑暗的中世纪文化逆流中逃离出来。

当时，拉斯吉斯玛尼城中居住的大多是来自非洲、阿拉伯以及印度洋其他地方（主要是波斯湾地区）的商人们。他们都是被非洲的财富吸引而来的——这里有象牙、金矿以及香料，但尤为珍贵的是丁香，在当时，如果拿等重的丁香和黄金作对比，丁香要比黄金值钱得多。继阿拉伯和波斯移民者之后，欧洲人也被这些财富吸引而来。

15 世纪末期，葡萄牙探险家瓦斯科・达・伽马（1460—1524）抵达了这里。当他看到这个发达的社会，其繁荣的贸易、稳定的经济及富有的商人及首领时，他感到十分震惊。短短几年后，葡萄牙舰队再一次来到了这里，并开始对这个区域进行了长达两个世纪的统治。葡萄牙在这里进行了长达几个世纪的奴隶贸易，而这一举动得到了其他大国的默许。

到了 19 世纪，尽管法律已经规定了奴隶贸易是非法的，但每年仍然有 10 000 到 30 000 非洲人作为奴隶被运送出桑给巴尔群岛。拉斯吉斯玛尼的奴隶贸易仍在继续，直到大自然发威的那一天，这一切才沉没于海底。在当地的奴隶制被废除的前一年，一场毁灭性的飓风彻底摧毁了整个城镇。如今，唯有海下的些许残存的碎片曾见证着拉斯吉斯玛尼过去辉煌的历史。生长在这里的珊瑚也曾记录着有关暴风雨的“记忆”。珊瑚以每年 1 ~ 3 厘米的速度增长，外部的石灰质逐渐增厚，与树的年轮一样，珊瑚也有一层层的“年轮”来记录它的生长状态。同时，珊瑚也可以像树一样生存上百年。通过提取珊瑚的样本并分析珊瑚每年的生长状况，科学家不仅可以推断出过去所发生的极端天气情况，还可以预测未来的气候变化。我们提取了一段 5 厘米的珊瑚样本，在紫外线光下进行研究。因为在紫外线的照射下，珊瑚会发出荧光，它的“年轮”也就清晰可见了。如果某一年有强降雨或者是高温，那么这一时间段珊瑚虫分泌的钙质就会减少，珊瑚就会生长缓慢。这些珊瑚清楚地记录了印度洋上多年的极端天气事件，包括将拉斯吉斯玛尼卷入海中的那场飓风，1998 年灾难性的厄尔尼诺现象，甚至还可以看出最新发现的印度洋偶极子带来的影响。

危险的海水

厄加勒斯洋流是世界上流速第二快的洋流，它流经的地方地势复杂多变，因此在这里航行十分危险。几个世纪以来，欧洲探险家都只能对这个非洲的海岬望洋兴叹。1486 年，葡萄牙探险家巴托梅乌・迪亚斯（1450—1500）成为第一个绕过这个海岬的航海家，并给这里取名为“风暴角”。后来，葡萄牙国王约翰重新将其命名为“好望角”，希望以此来传达航海家们的乐观精神，因为正是这种精神鼓舞着他们穿过这片危险的海域到世界各地去进行贸易。直到现在，行驶在好望角还是既困难又危险的，所以对好望角南部的海域我们至今所知寥寥。

上图　莫桑比克南部大海中居住着大量的蝠鲼。它们主要以浮游生物为食，经常群聚在一片相对较小的海域，因为在这种地方，洋流可以将浮游生物会聚到一起。

我们的下一站就是好望角南部的海域。收拾好行李，我们离开了充满异域风情的桑给巴尔群岛，一路向南，准备前往遥远的莫桑比克南海岸。那里是世界上最大的蝠鲼聚集地，这些深海巨物的翼长可达 8 米。

据记载，在莫桑比克南部海域出现过由超过 600 只蝠鲼所组成的蝠鲼群。蝠鲼是最大的鳐鱼鱼类，但与“近亲”鲨鱼不同，蝠鲼并不是食肉动物，除了偶尔吃些小鱼和磷虾外，它们主要以浮游生物为食。

蝠鲼通常在海面以小型浮游动物为食，它们的头鳍形状十分特殊，在捕食时，头鳍可以使面前的水形成漏斗状，从而将浮游生物吞进口中。平时，它们卷起的头鳍看起来就像魔鬼的角一样。

渔民和潜水员曾把蝠鲼称作“魔鬼鱼”，这个名字是“名至实归”的：它们游动的速度特别快，不小心就会撞上船只的绳索或者是船锚的锁链，甚至是潜水员的氧气罐。但出现这些意外时，由于鳐鱼自身不

清洁站

要想真正了解蝠鲼与“清洁工”之间巧妙的共栖关系，就必须要潜入“清洁站”中。我们希望这次潜水不要遇到很大的麻烦。然而还是出了问题，我们无法径直前往莫桑比克沿海。海面风浪很急，这意味着我们不得不放弃使用潜水船，而乘着橡皮艇从海滩出发穿过风浪向暗礁驶去。

这次的潜水计划很简单：找到一个符合“清洁站”标准的地方，在那里等着看接下来的好戏。我前后几次潜到洋流中的暗礁边，试图确定哪里才是正确的地点。海底的暗礁一派繁忙——海鸡冠在洋流和海浪中来回摆动，小丑鱼在它们的栖息地海葵中游进游出，美丽却有剧毒的狮子鱼中从我身边游过，硬珊瑚中能听到鹦嘴鱼“嘎吱嘎吱”啃食的声音，艳丽的狗鱼成群地游经这里，海龟的影子从我头顶掠过，这一切都在向我们展示热带地区暗礁上勃勃的生机。然而，没有蝠鲼的身影出现。

当我开始第三次潜水时，我突然注意到暗礁周围发生了快速变化。“清洁工”隆头鱼和蝴蝶鱼开始从暗礁的裂缝中向外游，其他鱼类不见了。

整个暗礁的环境和气氛都变了。片刻后，第一批蝠鲼来到了这里。它们几乎是快速俯冲到暗礁中的，我很难将它们看清楚，但随着它们不断地靠近，我可以清楚地看到，它们居然有 7 米长。

这些蝠鲼是从深海中游上来的，在水面附近排队等待进入“清洁站”做清洁。它们有自己的排队顺序，个头较大的蝠鲼可以先享受服务。暗礁上有一个通体白色的巨大蝠鲼，我们称之为“白化现象”。这只与众不同的蝠鲼长达 8 米，当它进行清洁时，其他蝠鲼都离开了这里。

穿过礁石时，我发现这些礁石分成了大小不同的区域，每个区域都是一个单独的“清洁站”，有不同的清洁鱼负责清理蝠鲼的不同部位。第一站，蓝色条纹的隆头鱼负责清洁蝠鲼的嘴和腮；第二站，豆娘鱼负责清理蝠鲼的头部；之后，月鱼和马鞍鱼负责将蝠鲼背上的寄生虫清理干净。能看到巨大的蝠鲼冲过我的头顶飞入暗礁，并由不同的暗礁鱼完成清洁过程，实在是太令人激动了。

蝠鲼的大脑是鱼类中最大的。科学家们发现，它们脑中负责嗅觉、协调和听觉的部分格外大。此外，研究还发现它们的脑中还有一个特殊的区域负责“打扮自己”，对于这点，我一点也没觉得奇怪。

这里大约 80% 的蝠鲼都是雌性的，且大多数都有孕在身，因此当它们在深海中游动时，看起来像是水下飞碟一样。没有人看见过蝠鲼的生育和哺乳过程，有关这一神奇动物，很多方面都还有待人们去进行探索。结束这次潜水时我非常开心。因为这次潜水在解决了问题的同时，又带来了新的研究课题。

左页图　一只巨型蝠鲼来到了这个“清洁站”，将头鳍打开准备捕食。在不远的阴影处暗藏着一条鲨鱼。这里 70% 的蝠鲼身上都有被鲨鱼咬伤的痕迹，但原因至今尚不清楚。

会向后游动，所以它们会陷入慌乱之中，竭尽全力地向前游动，拼命挣扎甚至跳出水面。有一些关于蝠鲼的传说，说它们溺死了潜水员，将船只拖入了海中并压碎了。

为了生存，蝠鲼每天都要捕食大量的浮游生物，它们经常成群出现在富含营养又水流湍急的水域中。正巧，印度洋洋流在莫桑比克海岸线以外的地方打转，将浮游生物会聚到了一个相对封闭的空间内，因此这里就成为蝠鲼理想的觅食地。除了可以为蝠鲼提供食物之外，莫桑比克沿岸海下的暗礁也形成了一个以鳐鱼为中心的独特生态系统——蝠鲼"清洁站"。

所有的鱼类身上都会搭载着一些不受欢迎的"搭便车"的"旅客"——寄生虫。暗礁处的"清洁站"可以给蝠鲼提供"清洁服务"，这里的"清洁工"是一些小型鱼类，它们以寄生虫和大鱼皮肤上的死亡组织为食，"工作"十分认真。"顾客"在享受"清洁"的过程中，也为"清洁工"们提供了食物以及庇护，所以这是一种互利共栖的合作关系。合格的蝠鲼"清洁站"必须符合一个标准——要有湍急的洋流为蝠鲼提供富含新鲜氧气的海水，只有这样蝠鲼才会在此停留。这种地方通常位于暗礁壁的顶端。

随着蝠鲼大量会聚到"清洁站"来，我们发现它们不仅是受到了寄生虫的"攻击"，几乎每一只蝠鲼的鳍部都有被鲨鱼咬伤的痕迹。我们不知道为什么这一区域的鲨鱼要攻击蝠鲼，但鲨鱼确实这么做了，而且看样子不止一次。与世界其他地方的蝠鲼不同，这里 70% 的蝠鲼都受到了鲨鱼的攻击。

鳐鱼的眼睛在它们头部的末端，使得它们具有特殊的立体视觉，但同时它们的翼尖区域成为视觉盲区，因此鲨鱼总是咬伤它们靠背部的位置。但既然这么多的蝠鲼都受到了鲨鱼的攻击，它们的数量怎么还有如此之多呢？答案就在"清洁站"的清洁过程中——这里的蝴蝶鱼专门负责清理它们的伤口，可以使伤口很快得到恢复，而且不会感染。

这是一个特殊的环境：一个专门的蝠鲼"清洁站"，既可以帮助蝠鲼进行清洗和擦拭，又可以帮助它们治愈伤口。同时，这里强大的洋流还可以使它们在这里停留稍长的时间，从而得到彻底的清洁。

"海中美人"

印度洋中的生物并不都是生机勃勃的，其中最为罕见、最为迷人的濒临灭绝的海洋动物就是神秘的儒艮。儒艮是食草的海洋哺乳动物，也是海底生物中唯一的草食性哺乳动物。儒艮长度一般为 2 ~ 3 米，体长而尖，末端的尾巴是分叉状的，前肢呈圆形，像鳍一样。早先人们关于美人鱼和海中美人的传说，就是在远处看到这种生物后才传播开的，尤其是当看到它们身体前部靠近前肢的乳头的时候，或者当它们用其中一只前肢抱着幼崽采用仰卧的姿势哺乳时，更为传说增添了神秘色彩。1493 年 1 月，哥伦布曾宣称自己在海地附近的海中看到了三个"美人"。"它们跳出海面很高，"他写道，"但是，它们没有传说中的那么美，但无论如何它们的脸看上去确实很像人。"

儒艮与大象是由同一个祖先进化而来的，如今它们被科学家划归为海牛目。根据民间传说，这种半人半鱼的动物还会唱歌，而且歌声很好听，会分散过往船员的注意力而使船撞上岩石。

现在，真正面临危险的不是那些船只，而是这些"美人鱼"。曾经为数众多的儒艮现在数量却在急剧减少。在世界上的很多地方，儒艮已经完全灭绝，而在印度洋情况也不容乐观。探险队正在前往距离莫桑比

上图　一只儒艮正在优美地仰泳。

第 138~139 页图　儒艮和大象是近亲，有关美人鱼的传说很有可能就是早期人们见到这一生物时创造的。

克沿岸 15 千米的巴扎鲁托群岛，计划在那里探察生活在印度洋西部的最后一群儒艮。

破晓时分，群岛沐浴在一片晨光中，美得让人窒息。印度洋上的这些离岸沙洲岛是由庞大的沙丘组成的，高达 100 米，与这些沙子所组成的山相比，周围的一切都显得那么矮小。这些世界上最大的沙洲岛是由印度洋强大的自然力量形成的。

印度洋上具有标志性的洋流在这里向南旋转，形成了一个 100 千米宽的巨大旋涡，并带来了大量的沙土汇聚于此。当这条洋流到达莫桑比克陡峭的大陆架时，将成百上千吨沙土全数倾倒在了这块狭窄的区域内。日复一日，沙土慢慢积累成了高山，又由于季风的影响，形成了棱角清晰分明的山峰。

尽管这些海岸线以外的沙洲岛只有几千米宽，但由于它们的阻碍，使近陆地一侧的海水和海洋中的海水截然不同。沙洲以外的广阔海洋特别适合堡礁生长——海水是温暖的，同时，海上的强洋流不断将海洋深处的养分带到这里。而沙洲与陆地之间的这一片海域则与沼泽或湿地相似，这里的海水很浅，含沙量

大，富含沉积物，因此海草在这里生长得颇为茂盛。

海草是儒艮唯一的食物，而巴扎鲁托群岛附近的海底是个优良的“天然牧场”，因此我们希望能在这里见到儒艮，并记录下它们的生存状态。其实，最理想的情况是能够在这里看到成群的儒艮，因为这表明它们的种群还能够生存繁衍下去。我们计划搭乘低空飞行的飞机在空中搜索整个区域，并在陆地上配备一艘船，随时等待着前往发现地。但是由于儒艮很“腼腆”，极易受到惊吓，一听到发动机声就会快速潜入水中，因此我们的搜索尤为困难。

儒艮在“长跑”时速度并不快，而且如果被敌人追赶的话，它们很容易累得气喘吁吁。它们的新陈代谢速度很慢，这样一来，仅靠海草就可以维持它们的生命。除此之外，它们的肉质十分鲜美，因此是鲸、鲨鱼以及鳄鱼极爱捕食的猎物。人类曾经为了它们的肉、皮及鱼油捕杀它们，但如今儒艮受到法律的保护了。不过，被捕杀只是导致它们数量减少的其中一个原因，造成儒艮数量锐减的主要原因是大量的海草被破坏了，除此之外，这一行动缓慢的动物还经常被卷入捕鱼网中。与此同时，儒艮的繁殖能力很弱。雌性儒艮直到 10 岁才性成熟，即使是在性成熟后，它们每 3 ~ 7 年才生育一次，所以一只雌性儒艮一生只能孕育一只小儒艮——如果食物不足的话，甚至连一只都不能孕育。因此，即使是减少一只成年儒艮，对于整个种族的延续都会造成灾难性的后果。现在，儒艮已经被世界自然保护联盟（IUCN）认定为濒临灭绝的物种，如果我们不采取紧急行动，巴扎鲁托群岛的儒艮也将会灭绝。

我们的搜寻工作因时常出现的恶劣天气而耽搁了，暴风雨使得我们的飞机无法起飞，即使没有暴风雨，水里的沉淀物也使我们无法看清海底的情况。更糟的是，我们的燃料也所剩不多了，我们只能进行几次短暂的飞行侦查。然而在其中的一次飞行中，我们居然在下方的水面上看到了两个深色的点——是儒艮！更令人兴奋的是，是一只雌性儒艮和它的宝宝。我们的船沿着它们游动的方向绕着它们航行，从远处慢慢靠近，等到达一个可以近距离观察的地点后，我们会关掉发动机让船在海上漂流。

当我们来到它们身边时，我们惊讶地发现，这里不仅有儒艮妈妈和它的宝宝，还有另外三只儒艮在水中慢悠悠地游动。它们看起来状态良好，儒艮宝宝的出现也说明它们拥有充足的食物。这一时刻对我们来说非常特殊，也许这是我们最后一次在儒艮的自然栖息地中看到这一稀有物种了。这几只儒艮良好的状态给了我们一丝希望，也许我们还有时间来保护它们，让这些传奇的生物、神秘的“海中美人”继续存活下去。

这天即将结束时，绚丽的落日为这片海洋着上了新装。看着这片金色又宁静的海洋，近日来暴风雨带来的不快都被我们抛在了脑后，在天空炽热的余晖下，大海格外宁静安详。

海马的困境

由于温暖的海水中所含的养分较其他海水中的要少，所以印度洋海域的海产产量并不丰富，也并不适合发展渔业。但在这里却生活着两种动物——海马和鲨鱼。只是，为了满足东方市场对此的巨大需求，过度的商业捕捞使这两种动物的数量都在锐减。

尤其是海马，它是治疗哮喘、心脏病、皮肤病以及阳痿的中药的主要成分，在东方国家被认为是一种非常有效的壮阳药，因此每年都有大约 2 000 万只海

海底的宝藏

最能体现人类与海洋之间的真正关系的，也许就是那些散布在海洋底部的残骸了。真正赋予海洋杀伤力的不是人鱼的歌声，而是海中的洋流。许多船只都被洋流冲走或陷入风向不断变换的海风中而撞上海面的岩石或暗礁。大海已经夺走了成千上万人的生命，成千上万吨的货物也沉入海中，现在，人们试图找回其中的一些，从海洋的手中夺回那些被淹没的珍宝。最近，打捞员打捞出的只是一个铜制的螺旋桨，而不是之前的达布隆金银币了，但这种“掠夺”还在继续着，且颇受争议。对于考古学家来说，这些海底残骸具有很高的价值，因为它保存着历史的某一瞬间，有着世界上其他地方都无法找到的考古资源，通过对它们的研究我们可以更好地了解人类的过去。而对于当地的打捞人员来说，这只是对海洋的开发而已，与其他用于谋生的手段并没有什么不同。

回顾当年，“帕拉颇沙尼号”经常装载着满满一船的小麦从罗马尼亚驶向吉达。通常，这条路程为 2 897 千米。然而 1967 年苏伊士运河在阿以战争期间关闭，这意味着“帕拉颇沙尼号”要从黑海出发，跨越整个地中海去到大西洋，沿着非洲西南海岸线南下至好望角，再北上进入印度洋，最终到达红海北部，行程将近 19 955 千米。

我们可以想象一下，1967 年 10 月 25 日，“帕拉颇沙尼号”的船长和船员们航行时的场景。这次长途航行毁在了这艘已经使用了 40 年之久的船只上，船上的设备大多数都坏了，雷达也坏了。没有雷达，船长只能使用六分仪和指南针来辨别方向，而阴暗的天空又使得六分仪不能正常工作。当时，船上的水和食物都开始短缺，但由于无法辨认方向，船长甚至无法带领船员驶入公海走一条较为安全的航路进行补给。最终，他不得不将船驶向蒙巴萨进行补给。

由于驾驶室内的灯全部都熄灭了，船上陷入了一片黑暗，为了看清指南针、探测仪和地图，他们只好点亮一些微弱的红灯。如果某个船员在驾驶室内点燃一支烟的话，他将会受到严惩。因为火柴发出的光亮对夜视能力的影响要足足 20 分钟才能恢复。

船上的人都不知道，他们正以每小时 5 海里的速度被非洲东海岸的洋流强行推向大陆。海底的地貌特征并不能证明他们正朝着陆地航行，他们也并没有发现向浅水延伸的大陆架行进。他们以为驶向深邃的海水中，但实际上他们的船正驶向浅礁中。

糟糕的天气、无法定位的方向以

右图　保尔·罗斯潜入“帕拉颇沙尼号”的残骸中。1967 年，由于非洲东部沿岸强大的洋流，这艘船沉入了海底。

及猛烈的洋流加起来对航行来说就是灾难。因为这些状况，“帕拉颇沙尼号”重重地撞上了奔巴岛南端的潘扎礁。

蒙巴萨信号站接收到了由“帕拉颇沙尼号”发出的遇险信号，并通知了肯尼亚海军，海军派出了两艘巡逻艇来实施营救。同时，19名船员在乘坐救生艇上岸后被奔巴岛当地的民兵队逮捕了。被捕期间，其中一名船员因拒绝将他从船上抢出的一箱苏格兰威士忌交给警方而遭到了警方的枪击。与此同时，肯尼亚海军派出的船只将“帕拉颇沙尼号”的其他船员都带到了岸上——同样，他们也被捕了。直到船员被带到蒙巴萨后，这个误会才得以澄清，那名被射伤的船员被送往医院救治，其他船员被遣送回了希腊。

与“帕拉颇沙尼号”不同，我们所乘坐的潜水船配备了最先进的导航装备，其中包括最新的纸质地图、电子地图、详细的洋流信息以及一批备用电子器件。同时，我们拥有强大的引擎，天气也出奇的好。但即使这样，对我们来说想要停靠在潘扎礁附近还是太危险了，因此我们选择待在更为安全的深水处，乘坐潜水船前往残骸处。

非洲东海岸的洋流实在太强了，它曾将“帕拉颇沙尼号”撕成了两半，我们只能在此进行漂流潜水。也就是说，我们要进入洋流的上升流中，利用它将我们“送”到“帕拉颇沙尼号”那里。我们首先到达了暗礁处，然后朝着船尾漂去。“帕拉颇沙尼号”的遗骸十分漂亮，大多数地方还保留着原来的样子，只是倾斜的船身以及扭曲的钢板展现了印度洋洋流的威力。当我们漂到它周围时，我们尝试着躲在扶梯口、锅炉台以及任何足够大的物体后面来使自己停止漂移。当我们真的停下来时，我还是能感觉到这强大的洋流，因为我的面罩都在不停地晃动。我们吐出的气泡都不是笔直上升的，而是被洋流横向地冲走。

我们离开船尾，和成千上万条鱼一起继续我们的水下高速“飞行”。我们“飞”过了船的左舷，看到桅杆头朝下指向底层的隔板倒栽在船体中。我们来到了方向舵后方，倚靠在推进器那里，它巨大的四片叶片在洋流中产生了一个平静的旋涡。我们发现，曾有人来这里打捞过船体的残骸，将一些比较容易带走又比较珍贵的物件带走了，比如铜制的舷窗。巨大的螺旋桨还有被砍的痕迹，证明他们还曾试图将它砍断带走，如果他们成功的话，可以将它卖掉得到一笔不菲的收入。

上升过程中，我最后看了一眼这片残骸上巨大的螺旋轴，它一半葬入海底，一半被险些砍断，周围还有当地打捞员留下的许多起重机。我对奔巴岛的居民试图打捞这些残骸并不反对，因为这是个相对来讲对环境无害又具有可持续性收益的活计。这座小岛并不富裕，通过贩卖这些残骸，小岛上的居民可以维持生计。而和我一起潜水的露西却担心那些打捞员会对这些遗迹造成破坏，她认为这种打捞行为是对长眠于此的船只的掠夺，并且破坏了它的历史价值。

是考古遗迹还是收入来源？这些残骸的未来仍是一片未知。

右页图　露西·布鲁在残骸上查看当地打捞员留下的痕迹，这些打捞员将那些较容易带走的部分打捞出海。

SCUBAPRO

马被捕杀，作为药贩卖到中国、印尼、菲律宾以及其他一些国家。质量上佳的海马可以卖到每千克 8 400 元，即使是一些比较差的样品也可以卖到每千克几百人民币，这使得海马的交易量巨大。因此，在世界上 33 个海马品种中，有 9 个都被世界自然保护联盟列入了全球濒危物种的“红名单”，而印度洋中的一种海马则被官方认定为濒危物种。

海马十分漂亮，可是十分罕见。它们经常躲在海藻、珊瑚、红树林沼泽以及海草床中，身上的颜色会随着周围的环境而变化，这种伪装使人们用肉眼很难发现它们。同时，它们可以长出长长的皮肤来模仿海藻，一些结壳类的生物也会寄生在它们身上。此外，它们可以长时间保持静止状态。海马是非常柔弱的动物，由于行动缓慢，它们不得不依靠伪装来捕食猎物。

众所周知，雌性海马会将卵存放在雄性海马的袋子中，由雄性海马“孕育”2 ~ 3 星期后生出小海马。海马是“一夫一妻制”的，通常雌性和雄性海马会共度一生。正是由于海马的这种一夫一妻制，以及它们非常特殊、单一的生活环境，使得它们极易受到伤害。因为一旦“一家子”海马中有一只海马离开了，或者一只海马丢失了自己的另一半，那么剩下的那只海马便不会再找新的伴侣，更不会继续繁殖，因此，过度捕捞非常有可能使海马的数量迅速减少。

珊瑚苗圃

我们此次漫长的探险就要结束了。在过去的四周里，我们看到了大海对于人类的影响的同时，也了解了人类活动对于大海的影响。现在，根据这趟旅途的最后阶段的所见所闻，我们终于找到了一个特别的例子来展示人类与大海之间复杂又矛盾的关系：珊瑚苗圃。

在旅行开始的时候，我们就见识到了强大的印度洋是如何分割岛屿以及创造有利于珊瑚生长的条件的。但是，由于全球变暖，海水的温度正在不断上升，这使得生长在珊瑚中的一些重要的海藻即将消失殆尽。一旦海藻消失，珊瑚就会变回它原本的颜色——白色。通常来讲，珊瑚上还会再长满海藻，而在印度洋的许多地方，珊瑚已经无法恢复到之前的状态，礁石上都是发白的死珊瑚。现在，桑给巴尔岛沿岸的暗礁上出现了新的转机。当潜到这些暗礁中时你会发现，它们远没有奔巴岛的暗礁那么富有生机。除了全球变暖和 1998 年灾难性的厄尔尼诺现象之外，另一个造成这种情况的原因是桑给巴尔岛上旅游业的不断扩张。珊瑚是这里的主要旅游卖点，但伴随着潜水游客而来的却是覆盖在珊瑚上的污染物，以及偶然或故意造成的物理伤害。当地人依靠旅游业增加收入，因此他们并不阻止潜水游客的到来，但他们也有决心将珊瑚恢复到往日的健康状态。

我们同在桑给巴尔岛上工作的科学家们一起离开了大珊瑚礁，来到了一片未受影响的海域，那里的景色美得令我们窒息。海水中悬着一些展开了的大网，珊瑚花园就生长在这些大网上。有几张大网连成了一串，轻轻地在洋流中摆动着，每一张网上都有一个迷你的“森林”——这“森林”是由珊瑚样本组成的，这些样本被插入 9 厘米长的橡胶管中，之后固定在网上。这里的科学家们希望利用陆地上的园艺学知识重造礁石，这种技术曾在陆地上成功再造了森林，现在

左页图　海马可以根据周围的环境改变自己的颜色，依靠这种伪装来捕食猎物。

他们想将这项技术运用到水下的珊瑚上。科学家们小心地从健康的珊瑚上剪下一些样本，移植到这片海域中栽培 292 天，直到它们长成中等尺寸的健康珊瑚。接着，这些珊瑚样本会被移植到发白或者退化了的礁石上，希望用它们来恢复整个区域的珊瑚礁。这还是一项正在试验的技术，但早期的实验结果表明这种方法非常有效。这种水中自由漂浮的苗圃不会受捕食动物以及沉淀物的影响，流经这里的海水还会带来足够的浮游生物以及水中的溶解氧。

世界上所有的珊瑚礁都面临着消失的危机。联合国指出，1/3 的珊瑚已经消失了，到 2030 年，预计有 60% 的珊瑚会消失。现在，唯一的希望就寄托在了这种珊瑚移植技术上，也许这个方法能阻止这一趋势。这项技术已经在印度洋上做了试验，希望它能够重建世界上的珊瑚礁。

我想，用珊瑚的这个例子作为印度洋行程的结尾应该很恰当吧，这个例子完美地展现了人类与这片大洋之间复杂的相互依赖关系。在这趟旅程中，我们看见了一个极其复杂的海洋。这片海洋中生活着神秘的物种以及世界上最大的鱼类；这片海洋中的潮汐和洋流既可以塑造陆地，又可以摧毁它们；然而，最重要的是，这片海洋与 3 000 万依附于它而生活的人的现在、过去以及未来都有着密切的联系。

右图 世界上所有的珊瑚礁都面临着消失的危险，但在桑给巴尔岛珊瑚上所做的实验却给目前的困境带来了一线希望。科学家们从健康的珊瑚上剪下一段样本，种植在一片未受影响的海水中，在这种温床上生长一段时间后，再将它们移植到受损的珊瑚上。早期的实验结果非常鼓舞人心。科学家们希望通过这一做法恢复整个区域的珊瑚礁。

第五章

红海

希望之海

这也许是我们最大胆的一次探险，我们将前往世界上最后一片未受人类影响的海洋，并且我们将要潜入的海域在之前仅有极少数人到访过，我们要研究的生物是世界其他地方都见不到的。说来颇有讽刺意味，因为这片未经侵犯的海域是一处著名的旅游景点：红海。

红海的北部是世界上最有名也是最繁忙的旅游潜水景点之一，而红海的南部与厄立特里亚和苏丹相邻，那里有一片原始的水下奇境。厄立特里亚与邻邦埃塞俄比亚多年的征战使得这片区域几乎没有受到人类活动的影响。

在将近一年的复杂交涉后，我们终于得到了前往红海南部的许可。当我们到达厄立特里亚的马萨瓦港口时，我们感觉厄埃战争似乎刚结束：我们周围到处都是带有战争疮疤的建筑以及粉碎的纪念碑，士兵们在港口附近巡逻，港口里除了停靠着军舰之外，还有帆船、观光游艇及其他用途的船只。这里的燃料是定量分配的，而我们需要大量的船用柴油才能完成长达 965 千米的旅行。在焦急等待了几个小时后，他们终于同意了额外给我们燃料。最终，在所有的文件都盖上了章且厄立特里亚海军护卫登船后，我们终于出发了。从来没有人在这里潜过水，在红海南部，这样的探险还属首次。

“充满奇迹的走廊”

左页图　红海的卫星图像。红海的北部将埃及与以色列隔开，是著名的旅游景点，但南部却因厄立特里亚与埃塞俄比亚连年的战争而变得无人问津。

第 148~149 页图　位于吉布提的阿萨勒湖是世界上含盐量最高的湖之一。尽管这片海域被陆地包围起来，但还是有一些海水从周围岩石上的裂缝中流进了阿萨勒湖。直到现在，这里的盐田还在开采中。

我们的一切努力都是值得的。红海的南部非常重要，潜水员雅克·库斯托曾将其称为“充满奇迹的走廊”。这里是全球生物多样性研究中心，世界上将近1/5的鱼类都是这片海域所独有的。这片海域是我们祖先最早见到的海洋，也是在这里，他们学会了如何打捞海洋中丰富的物产。出发时我们特别兴奋——因为这片海域的神秘性比我们所期待的要高得多。

红海是一片狭窄的海域，它将非洲大陆与亚洲大陆分隔开来。从学术角度上讲，它应该属于海洋的范畴，因为它是大陆板块彼此分离形成的。红海是世界上最“年轻”的海洋，仅仅形成于3 800万年前。到目前为止，红海还在继续以每年1厘米的速度扩张，这种速率和人手指甲的生长速率是一样的，所以它的边缘是新形成的海洋。以此推算，2亿年后，非洲之角将会陷入一片汪洋之中。

我们到了位于红海最南部的吉布提。吉布提是距离非洲之角最远的国家，与埃塞俄比亚、厄立特里亚

上图　厄立特里亚马萨瓦港的景象——右侧半圆形屋顶的建筑上仍然留有当年战争的痕迹。

右页图　红海东南角被称作“魔鬼湾”的荒凉的海岸线——此时此刻，这里的地质活动仍在继续。

以及索马里相邻。我们的目标是前往“魔鬼湾”，那是红海边的一个海湾，也是世界上仅有的两处能够见到海洋“诞生”的地方之一（另一处在寒冷的冰岛）。

在海湾的底部有条大裂缝，这里是这条裂缝的最南端，它是由于非洲板块与阿拉伯板块分离而形成的。随着这两个板块被撕裂开来，这里形成了一片新的海域。

通常来讲，这样的构造活动都隐藏在冰川下方或者是几千米深的海水的底部。但在吉布提，我们却可以在海湾的浅水中看到陆地分离时的痕迹。此外，这一板块活动的速度十分惊人，欧洲太空总署的卫星观测到了这一强烈的地质活动：仅在 2005 年，这个裂缝在 3 周内就增宽了 8 米。

我们将要去往海湾的中心，路途中要经过一座从海中升起来的死火山——一处号称“魔鬼岛”的地方。在它附近经常能感受到大地的震动，我们在当地请的导游在几天前就曾感受过一次。岛上的陆地散布着岩浆流的痕迹，海水的颜色与海湾底部火山喷发形成的玄武岩的颜色一样漆黑。

当潜水员们潜入水下时，他们惊喜地发现，尽管

下图 一座死火山上升形成的小岛——“魔鬼岛”。

右页图 一名阿费尔部落成员正在穿过阿萨勒湖上的一个大型盐田。这一居住在红海海岸的穆斯林游牧部落以他们的部落名命名了这片新的海洋。

新的海洋开始形成

岸上的火山荒漠寸草不生，但水下却有着丰富的海洋生物，它们在这里可以免受捕食者的侵袭，也可以享受海中丰富的营养物质。水下大约 30 米处，潜水员们第一次见到了被当地人称为“拉法耶”的裂缝，它深深地嵌入了地壳之中。裂缝中有许多由玄武岩构成的奇形怪状的“桥梁”，就像是这里千百万海洋生命的“走廊”一样。潜水员们下沉到了这个非常窄的裂缝中，这里是两个地质板块的间隙，漆黑一片，看不到底。难以想象是威力多么强大的能量才能将这两块板块分开。

由于板块的张裂，裂缝不断增宽，岩浆不断地上升，涌出来填充裂缝，随着裂缝的增宽，新的岩浆凝固后覆盖了旧的岩浆，形成了一层新的海底——地球上的海洋基本都是这样形成的。在吉布提，板块彼此分开，红海以及亚丁湾的海水涌入了非洲的这个角落，覆盖了土地形成了新的海洋。到目前为止，人们还无法测算这里的海岸线。一些科学家认为，非洲之角将在这一过程中与非洲大陆分离。尽管这个新生的海洋存在的时间也许不会超过 2 亿年，但已经因它所在的区域及居住在那里的游牧部落而得名“阿费尔海”。

另一处也许能扩大成为海洋的地方是阿萨勒湖。这一火山湖有 16 千米长，6.5 千米宽，海拔 −157 米，是非洲地势最低处。尽管它四周完全被陆地封闭，但仍有海水从它周围的岩石缝隙中源源不断地流入。这些不断注入的海水以及巨大的蒸发量，使这里成为世界上含盐度最高的水体，其含盐度是红海的 10 倍。这样极端的环境使得动物很难生存，因此，我们只能在这里找到细菌群。

白色的“黄金”

含盐量颇高的海水在湖的周围形成了巨大的盐田，时至今日，它们仍然在开采中。地质学家认为，由于红海的海平面不断变化，其一部分曾经干涸，使它的含盐度一度与阿萨勒湖一样高。也正是因为这上下起伏不定的海面，这片海洋成为人类历史上最重要的地点之一，我们也因此有机会窥探它遥远的过去。当海平面下降时，我们的祖先就是由此走出非洲，走向世界。

关于人类种族起源于非洲的说法并不新鲜，达尔文在 19 世纪中叶就曾讨论过这个问题。但当时并没有化石或手工制品来支持他的论断。然而近期，人们在非洲发现了古代人类遗迹，以及远古年代人类所使用过的工具和武器，这些都证明了非洲是人类种族的发源地。

寻找线索

关于这些人类是为何又如何分散到世界各地的这个问题始终没有确切的答案。探险队打算前往厄立特里亚去寻找线索。由于早期的现代人是一路向北穿越了非洲平原，所以红海很有可能是他们最先见到的水体。这里非常安全，地势较高，气候干燥，同时还有充足的淡水资源。直到今天，军队仍然在使用那些老旧水井。此外，在这里很容易找到贝类动物——不用辛苦打猎，也不用烹调——只需用简单的工具打开硬壳食用即可。在这里，我们发现了早期人类在海边安家的证据。

因此，人类千百年来赖以生存的捕鱼技能以及在海边生存的技能最早是在红海海岸上“锻炼”出来的。

上图　在这种艰苦的环境中，骆驼是运输盐最可靠的“交通工具”。

右图　在这片高度军事化的土地上，盐和黄金的价值相当。对于年平均收入 700 元的采挖者来说，盐就代表着生存。

而在海底就保存有人类最初接触海洋时的记录。

与以往不同的是，这次我们不需要通过潜水去寻找痕迹，因为当我们到达海岸时，它自己出现在了我们面前。由于地质活动，厄立特里亚阿卜杜勒这里的珊瑚礁高出海面 14 米。这里是重要的考古地点，但战争以及不断的边界纷争使得研究人员很难在这里开展研究。如今，这片区域成了军队的前哨，当我们靠近海岸时，士兵们严格地观察着我们的一举一动。

最终，我们来到了露出海面的珊瑚礁旁。珊瑚礁上有一层 10 米厚的石灰层——这是软体动物和海生蠕虫这样的海洋生物经历了多年的石化而形成的。最重要的是，在礁石化石中可以清楚地看到里面嵌着早先人类的手工制品：125 000 年前由黑曜石做成的手工工具，它的边缘被磨得非常锋利。

我们还发现了两套主要的“工具”：在 165 000 ~ 100 000 年前使用的两面斧以及 300 000 ~ 50 000 年前中石器时代所使用的由黑曜石制成的薄刀片。惊喜还不止这些。继续向前走，我们发现了一堆被遗弃的贝壳类动物以及牡蛎壳的化石。有趣的是，我们之前所发现的黑曜石工具恰好跟这些贝壳相配——那些工具非常适合剥牡蛎壳。对于珊瑚礁化石上出现这些工具最简单的解释是，那些制造此工具的人既可用这些工具捕获浅水中可食用的海洋软体动物和甲壳类动物，也可以用它来捕猎海岸附近的大型哺乳动物。用过之后，他们将这些工具丢弃在了这个食物富饶的地点。在这个露出海面的珊瑚礁中，我们看到了 2 种可食用的牡蛎以及 31 种其他可食用的软体动物。

受欢迎的绿洲

在此之前，早期的人类很有可能是以在非洲平原上捕猎来维持生存的。在 200 000 ~ 100 000 年前，也许是因为连年的干旱，他们搬到了非洲海岸，并学会了以捕鱼来谋生。阿卜杜勒拥有充足的鱼类以及淡水，成为他们的绿洲。人类也因此有了新的食物来源，不再靠天吃饭。

甚至还有人推测，贝壳类动物体内的 omega-3 以及 omega-6 型油脂[①]有利于早期人类的大脑发育，只是这一理论还颇具争议，但至少是一个有趣的设想。“人类学家以及一些进化论支持者经常把语言的出现以及工具的制造来作为早期原始人类大脑开始进化的证据，”魁北克舍布鲁克大学的代谢生理学家史蒂芬·坎南博士解释道，“但这需要一个先决条件，那就是一定要有什么事物来‘启动’大脑的这一进化过程。我认为早期人类在海岸附近吃蛤蜊、青蛙、鸟蛋以及鱼类的行为促进了他们的脑部发育。也正因如此，人类才有了必要的生理条件来进行大脑的进化。”

不管怎样，这些遗留在军营中的原始的遗迹，是早期的人类在海洋中进行捕捞活动最好的证据。在这里，当海平面下降时，居住在海岸上的人们便有机会往更远的地方进行，越过海洋到达其他地域。

在过去 100 万年的几次冰期中，海平面不断下降可能每次在 130 米。这意味着位于红海口的曼德海峡

① omega-3 以及 omega-6 型油脂：omega-3 又被写作 Ω-3、w-3、n-3，是一组多元不饱和脂肪酸，常见于深海鱼类和某些植物中，对人体健康十分有益；omega-6 是必需脂肪酸的其中一种，必需脂肪酸是多元不饱和脂肪酸，为身体健康所必需，但机体不能制造，必须从食物和补品中获得，而人体可以利用碳、氢、氧元素合成非必需脂肪酸。

上图 在 200 000 ~ 100 000 年前，也许是因为连年的干旱，早期的人类搬到了非洲海岸，并学会了以捕鱼来谋生。

与也门附近的哈尼什群岛之间的海峡变得干枯了，只剩下了几条弯弯曲曲的很容易渡过的小溪，人类和某些动物跨过了小溪到达了对岸。大约在 100 000 年前，人类经由“北部通道”从红海沿岸扩散到了非洲北部以及中东地区。

回到船上，我们和厄立特里亚人一起喝了些甜咖啡，并思考着红海物产丰富的海岸以及它对于人类历史所产生的深远影响。

珊瑚的困惑

红海不仅造就了我们的过去，还影响着我们的未来。我们坚持要前往红海南部，因为这片海洋在很多方面都与众不同，最奇特的就是它的温度。红海南部的海水是世界上最温暖的，我们也许能在这里的海洋生物中找到让世界各地的海洋挺过全球气候变暖的线索。

科学家们曾预言，在地球上的所有生态系统中，珊瑚礁将会首先受到全球变暖所带来的影响。60% 的珊瑚礁已经受到了人类活动带来的影响，并且大部分都无法恢复。

珊瑚既是植物又是动物。附着在珊瑚上的海藻通过光合作用为珊瑚提供所需的能量，同时也使得珊瑚拥有了五颜六色的外观。但海藻在高温下无法生存，一旦海藻死亡，珊瑚就会褪变为白色。此外，由于没有海藻继续提供养分，珊瑚很快也随之死亡。在世界范围内，大面积的珊瑚因海水温度上升而褪变成了白色，大面积的珊瑚已经死亡。这不仅是珊瑚的悲剧，也是整个生态系统的悲剧——珊瑚礁是海洋中的“热带雨林”，在它周围生活着众多的海洋生物。

在红海，海水的温度可以达到 34℃，比澳大利亚的大堡礁夏季的最高温还高 4℃，也远远超过了珊瑚可以承受的温度上限。然而，与我们的预期不同的是，这里的珊瑚却仍在健康地生长。各种各样的形状、灿烂多彩的颜色以及数以万计的鱼群都表明这里的珊瑚非常健康。虽然这里也有一些发白的珊瑚，但看情况它们应该可以在几周之内就恢复生机。与世界上其他地方不同，这里没有出现大范围珊瑚变白的现象。显然，这里肯定有一些特别的东西。

有一种解释是，这里的珊瑚上生长着一种特殊的海藻，这种海藻已经适应了高温环境。

单单耐热的海藻还不足以拯救世界上的珊瑚礁，因为这些珊瑚礁还在受着污染、过度捕捞、旅游业以及其他人类活动所带来的影响。所以，我们希望通过研究厄立特里亚的珊瑚礁是如何在极端环境下生存的这一课题，来为其他地区的珊瑚礁提供一线生存的希望。

在红海中，有很多珊瑚都能发出荧光，虽然直到现在，在科学上对能引起珊瑚发光的特殊蛋白质还存在争议，但这一蛋白质给拯救珊瑚带来了新的希望。来自澳大利亚悉尼大学的安雅·萨利博士和她的同事们认为，这些荧光蛋白质是珊瑚的一种复杂的内部防御机制，可以保护海藻免受强光侵害。

安雅和她的同事们还指出，在高温环境下，荧光蛋白质能够提高珊瑚的抵抗力，不会使其发白死亡。1998 年，他们研究发现了珊瑚对褪色变白的抵抗力与珊瑚组织中的荧光蛋白质间存在某种关系，生长在红海南部高温海水中的珊瑚所发出的荧光能够保护珊瑚免受厄运。

并不是所有科学家都同意这一说法。专门研究荧光珊瑚的专家查理斯·马塞尔博士对这种光保护理论提出了异议。他指出，70% 的珊瑚都能够发出荧光，但有些珊瑚还是死亡了。作为研究珊瑚的权威专家，他仅仅认为珊瑚发出的荧光只是非常神奇而已。

未受影响的海岸线

厄立特里亚的礁石之所以能免受人类活动的影响，其中一个原因是因为在厄立特里亚与埃塞俄比亚之间爆发的战争。这场战争始于 1963 年，以 1993 年厄立特里亚的独立宣告结束。由于战争，很少有人会选择居住在海岸线附近，因此人类对这里的礁石没有带来什么影响。即使是现在，该国 400 万的人口中也很少有人愿意在海岸上定居，海岸上只有一家小型的捕鱼场。

右页图　通常来讲，高温会伤害珊瑚礁，科学家也预言珊瑚礁将会是全球气候变暖的首批受害者之一。但在红海这里——地球上最温暖的海洋——珊瑚礁却仍然在健康生长。

多彩的潜水

在从马萨瓦向东的航行途中我们颇为悠闲。猛烈的南风在海面掀起高高的波浪，成百上千的海鸟和海豚伴着我们一起航行。炎热的海风和世界上水温最高、盐度最大的海水拍打着我们的船只，礁石上覆盖着厚厚的盐层。但总体来说，这是一条很不错的航路，当然，能够将船停靠在珊瑚礁旁的安全区域也同样令人感到愉快。

不同于红海北部每年都有成百上千的潜水员到访，每年来这里的潜水员还不到百人。因此，这里的礁石几乎没有受到人类活动的影响，但我们想知道它们到底有多么的与众不同。

当我从浪花四起的海面下潜到深处礁石边相对平静的海水中时，我相信这次潜水将会非常特别。礁石上有各种颜色的珊瑚，很多海洋生物生活在礁石周围。海鸡冠、海绵、硬珊瑚以及成千上万不同颜色不同大小的鱼类，使这块未受过任何侵害的礁石显得生机勃勃。而我却随身带着凿子和大锤，这使我感到了一种强烈的负罪感。但我在这里所做的工作，就是希望世界各地的珊瑚都能像这里的一样健康生长。

生长在厄立特里亚的珊瑚礁也许拥有一种特殊的"秘密武器"，用它可以拯救世界其他地方那些正在面临着威胁的珊瑚。我们推测这里的珊瑚上附着的海藻种类比其他地方的多，而我的工作就是要采集这些海藻及珊瑚的样本。我们可以将这里耐热的海藻像注射疫苗一样移植到其他地方的珊瑚上去。

为了更好地了解这里的礁石，我在夜晚又再次潜入了水中。由于捕食的需要，礁石晚上的状态与白天的完全不同。令我感到奇怪的是，有些珊瑚竟然能够在晚上发出荧光。

我的这次潜水具有很特别的意义，因为这是人类首次对这些礁石上的荧光珊瑚开展研究工作。潜水时我没有使用通常所用的潜水灯，而是用的蓝色灯光，这样可以加强视觉效果，同时，我还在潜水面罩的前部安装了一个特殊的过滤器以研究这一现象。但当我到达礁石周围时，我还是"转向"了——我只

能利用我面罩的过滤器来确定方向，因为我仿佛回到了 20 世纪 60 年代的灯光秀现场。

我被绿色、黄色及紫色的亮光所围绕。一些珊瑚只有顶部发光，而另一些则是边缘发光，还有些色块随机出现，遍布各处。这里简直是太美了，我差点忘了我此行的目的是什么了。虽然我们可以在浅水中待上很长时间，但对于我来说这远远不够——我希望可以在这里待上几个月。

这里的珊瑚组织中含有可以发光的蛋白质，还生长有耐热的海藻。显然，正是这些因素使得这里的珊瑚可以在非常恶劣的环境中生存。尽管有许多正在进行先进的研究，但目前没有人知道它是如何做到的。

一些科学家认为珊瑚是利用这些荧光色素来调节周围的光环境。强光会损害珊瑚，而这些荧光色素则可以保护这些珊瑚免受损害。这一理论还有待验证——但我们的研究表明，这些荧光珊瑚可以很好地适应高温海水。

那么，我们到底是要将这些耐热的海藻移植到其他珊瑚上呢，还是等待那些珊瑚自然进化来适应环境变化呢？这些五彩的珊瑚能带来什么么呢？

想要得到这些答案，唯一的方法就是继续加强对于海洋的研究。现在，人们对于海洋的关注度空前高涨，我想，我们在这里所做的工作为海洋研究做出了卓越贡献。

下图　我们用相机拍摄下了红海中这一未被人类影响过的水域里珊瑚所发出的彩色荧光。

第 164~165 页图　海面上，太阳即将落山；海面下，珊瑚礁准备好了上演夜晚的灯光秀。

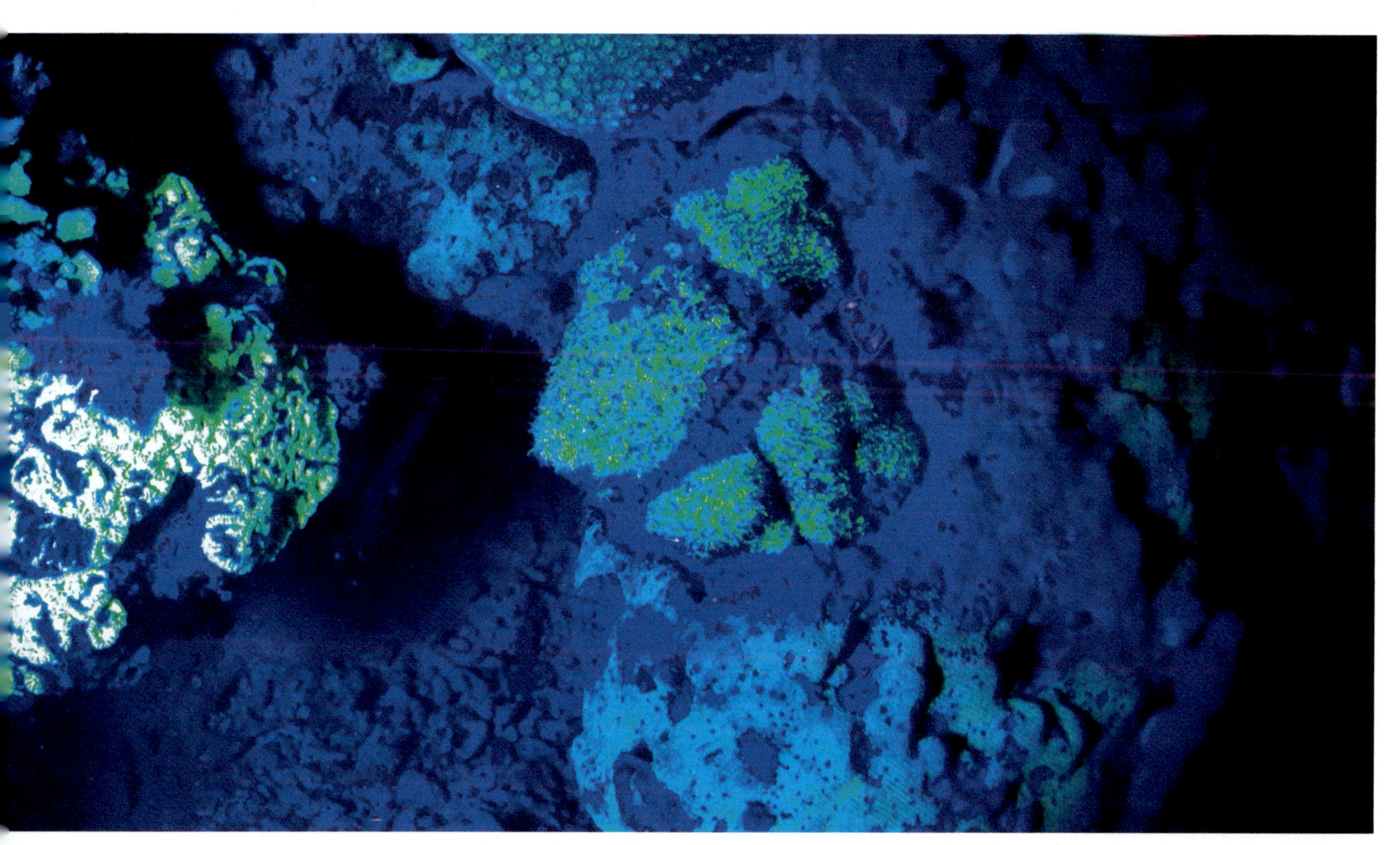

此外，来这里旅游的人也很少，这是为什么这个区域的海洋生态系统没有受到人类活动影响的第二个原因（与之形成鲜明对比的是，红海北部的埃特拉是著名的潜水胜地，在其长仅 12 千米的海岸线上，每年有超过 250 000 人次的潜水，因此那里的珊瑚礁受到了严重的损害）。

而红海南部这片未受人类影响的海域，是海洋生命赖以生存的家园。

在这里生活的 1 400 种鱼类里，有 1/6 都是当地独有的，其中包括鹦嘴鱼、红海海葵鱼、刺尾鱼以及深海海鳝。

造成这里拥有世界上特有生物的其中一个原因是曼德海峡处于红海与印度洋交汇处，将红海与世界上的其他海洋隔离开来。在海峡大约 120 米深处有一块基石，当海平面下降时，它就像一个屏障一样将红海隔开。正是由于这种地理上的隔离，这里才进化出了新的物种。

曼德海峡（也被叫作“泪之门”）也是造成这里的生物多样性的一个地理因素。它就像是一个“育婴园”，大量的幼鱼被季风从阿拉伯海带到红海来，一旦进入红海，这些幼鱼就被基石包围起来，由此进化出了不同的鱼类。

结束了一天的潜水工作，晚上队员们在宜人的宁静中坐着，品尝着用当地传统工艺烘焙的热面包——将面团埋在热炭上层的沙中烘烤而成的。炭火的余烬在黑夜中闪烁着光亮，漆黑的海水有节奏地拍打着海岸。能够潜入这些只有在教科书上才能见到的海洋中，并且能够目睹如此神奇的海域，是我无上的荣耀。

战争的受害者

第二天我们向北前往苏丹，开始长达两天的航行。这里的海域也未被涉足过。同样，我们也需要得到特殊的许可才能继续我们的探险，这次的许可来自苏丹安全部门。

航行时，季风加速了我们的脚步。红海自古以来就是非常重要的贸易通道，来往船只运载着奴隶、香料——在汉尼拔时期，甚至运送过大象。此外，它在第二次世界大战中有着非常重要的战略地位。现在，在苏丹港外一块大礁石附近的海底，还能找到战争时沉没的船只残骸。这个残骸保存得十分完好。这艘船并不是因为运气不好而沉没的，而是船长凿沉了它。我们对这艘 150 米长的意大利货船本身并不感兴趣，令我们感兴趣的是沉船中运载的是具有顶级机密的货物。我们计划下潜到海底船体的残骸附近，找出船长凿沉这艘船的原因。这里也是非常有名的潜水地点。

上图　由于游客稀少，红海南部的珊瑚礁未曾受到损害，各种海洋生命才得以在此“安居乐业”。

左页图　这幅卫星图显示的是曼德海峡狭窄的裂缝。海平面下降时，海底 120 米深处的基石就像一个屏障一样将红海与世界上的其他海洋分隔开来。红海也由此拥有数量众多的特有物种。

在 1940 年的英德战争中，尽管有传闻称意大利首领墨索里尼与希特勒建立了联盟关系，但意大利却始终保持着中立的态度。然而对于一个还没有对战争任何一方表示支持的国家来说，其一艘叫作“乌木布依拉号”的船只的行为却非常奇怪：它在意大利海岸（那不勒斯和墨西拿）的港口上停靠了数次进行补给，之后经由地中海以及苏伊士运河，最终到达了意大利的殖民地厄立特里亚。

“乌木布依拉号”是 1911 年德国在第一次世界大战预备阶段建造的。它有 5 个货仓，3 层甲板，重达 10 000 吨，可以容纳 2 000 位乘客。但在当时那次特别的旅途中，它上面只有船员。

当“乌木布依拉号”到达埃及时，英国皇家驱逐舰“格里姆斯比号”接受了追踪命令，尾随“乌木布依拉号”到了苏丹。意大利船长洛伦佐·木易桑提前给马萨瓦指挥站发电报称：“我后面有一艘船，请指示。”

6 月 6 日，“乌木布依拉号”抵达苏丹港的同时，关于意大利参战的消息也随之传来。英国与意大利成了敌人，而英国人已经登上了“乌木布依拉号”。为了避免船上珍贵的货物落入英国及其同盟国手中，船长叫来了紧急救生钻孔船。当所有的船员都安全离开后，他钻穿了船体，货仓沉入了海中。当时它所沉没的地方，现在已经是全世界潜水员最青睐的潜水地之一。

我们进入了船体内部，想了解当年船员航海时的生活是什么样的。我们在第一个船舱中找到了一个专门用来制作意大利脆皮面包的面包炉，地板上还散落着上百个酒瓶。在第二个船舱中，三辆菲亚特汽车依然状况良好。

在最后一个货仓中，我们终于看到了“乌木布依拉号”在旅途中所携带的机密货物：5 510 吨炸药，360 000 颗炸弹，3 056 箱导火线，17 539 箱弹药以及 624 箱雷管。成排成排未爆炸的军火令人心悸。如果它们爆炸的话，半个苏丹港将被毁灭。难怪船长会出此下策，防止军火落入敌人之手。

先驱的遗物

我们离开了苏丹港，去往红海中更遥远的一片海域，船停靠在了沙拉布鲁米（阿拉伯语中的意思是“罗马礁石”）海岸线边上。我们接下来要开展的调查就在苏丹海岸这一隐蔽的礁石高地上。那里有一个水下村庄的残骸，被称作“康谢夫二号”（位于大陆架延伸处）——1963 年，水下探险家雅克·库斯托在这里建造了一个水下村庄来证明人类可以在水下生存很久。当时人类对于海下世界的探索还不全面，这里代表了当时水下科技的最前沿。

水下村庄有生活区、实验室以及一个车库。生活区是一个大型的环形舱室，外观呈海星状，因此也被称为“海星房”。这里有中央空调，配备了可供 8 人休息的卧室，此外还有厨房、餐厅、实验室以及暗房。他们呼吸所用的空气来源于陆地补给的压缩空气、充满氧气的潜水瓶以及混合空气。村庄还有一间工具房，存放着各种工具以及潜水推进器。

水下村庄的生活并没有你想象得那么单调。被人们称作“海中作业员”的水下工作者可以在海星房内抽烟，厨房还配备有厨师，甚至用餐时还可以喝到香

右页图 “乌木布依拉号”的船头。“乌木布依拉号”是 1911 年由德国建造的，1940 年 6 月 6 日，船长将其凿沉，当天意大利宣布加入第二次世界大战。

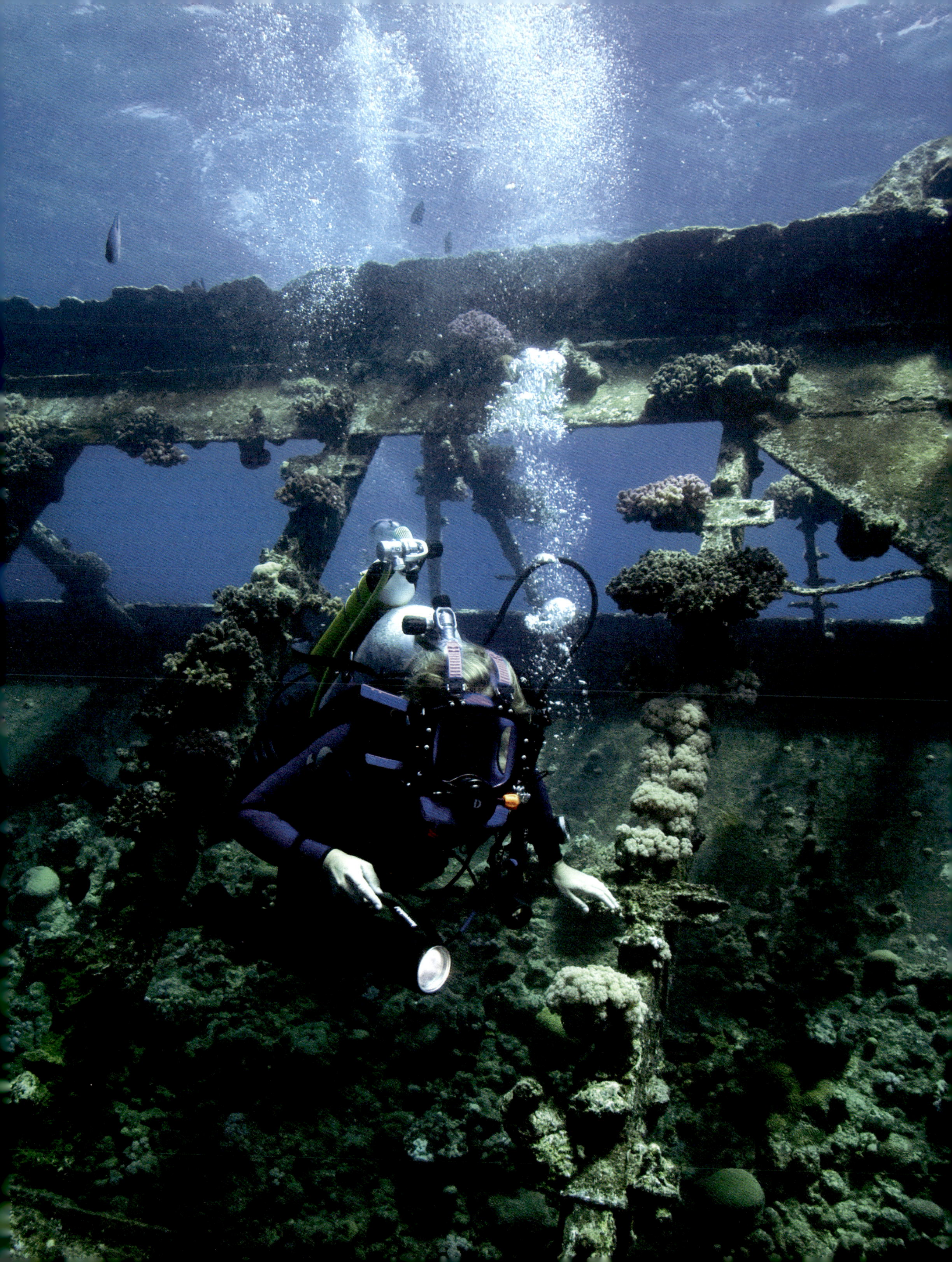

槟。水下的压力使香槟开瓶时并没有嘶嘶的气泡声，但这都无关紧要。他们甚至还有一位定期造访的理发师。有趣的是，他们的头发在水下生长得极为缓慢。医生们也发现，在水的强大的压力作用下，他们伤口的愈合速度都十分迅速。当航海员们在舒适的水下环境中休息时，顶部的支持舱内却是另一番景象。那里的温度很高，空气相对湿度也达到了100%。另一个舱室内的生活条件也很艰苦，两名工作人员被安排在30米深处的舱室内工作长达一周的时间。他们抱怨说，自己就像"喷泉一样地出汗"。

我们刚刚回顾了一下人类对海洋的了解过程。"康谢夫二号"最重要的贡献是做了一个水下生存实验，科学家们可以借此来研究长时间的"潜水"会对潜水员产生什么样的影响。在一个固定的深度进行长时间的潜水作业后，潜水员的身体组织内会充满氮气。在水下生活时，通过维持潜水设备内部的压力与外界的水压相当，潜水员就可以生活自如，就像在海星房一样。而在整个过程中，他们只需要回到海面进行一次减压即可，此时潜水员只需在浅水区内待一段时间，将血液中积累的氮气排出体外。直到现在，还有很多石油公司和矿产公司仍然在使用这种"潜水"方法。

然而库斯托和他的同伴们更关心的是这里的海洋生命。虽然这里如此偏僻，但海洋生命却非同寻常：刺鲽鱼、雀鲷以及小丑鱼在礁石间嬉戏；锈色的鹦嘴鱼以及大型河豚不时地从这里游过；超过30种的石斑鱼隐藏在岩石裂缝中生活；此外，这里还经常可以见到大型鱼类，其中包括隆头鱼、绯鲵鲣、成群的梭鱼以及安静游动的蓝点黄貂鱼。

雷蒙德·维希尔教授曾是"康谢夫二号"上的一名海洋生物学家，他曾用诱饵将鱼收集到透明的塑料容器中，之后他将它们带到湿润房内，用实验室内的立体显微镜进行观察、分类，还为摩纳哥海洋博物馆选取了一些外来物种做研究用。为了弄清鱼类对于颜色会做何反应，工作人员拿来了装有各色过滤片的泛光灯来做试验。生物学家们可以控制室外的远程可携带摄像机，来观察他们所感兴趣的某些海洋动物。利用这种方法，他们发现了新物种。

如今，湿润房、工具房以及海星房都已经不见了，而这一切类似于狂想的实验所留下的仅仅是一个巨大的洋葱形车库，存放有雅克·库斯托及其航海员们探索周围礁石时所用到的水下汽车。由于车库的形状与海胆非常相似，工作人员亲切地叫它"海胆"。"海胆"被放置在礁石的边缘，两条"腿"间的空间正对着陡坡，这样一来，被库斯托称为"碟子"的水下车就可以轻易地下潜到深处来探测海洋了。

雅克的孙子菲利普·库斯托是探险队中的一员。尽管他的父辈一直在红海进行潜水作业，但菲利普之前还没有去过"康谢夫二号"。对于他来说，潜入水下村庄的残骸中更像是一个私人任务。当年，精心设计的圆形舱口恰好能拖住"碟子"，将它自动送到车库里去，而现在，当游经这里，抚摸着锈迹斑斑的金属墙，想象着雅克在半个世纪前所经历的一切，不只是菲利普，我们所有人都感到心酸。车库的底部是用铁棒制成的，从窗口外能够照进来光线，可以看到外面的礁石。

由于"海胆"紧挨着"海星房"，所以雅克·库斯托和他的队员们可以深吸一口气，从一座建筑游到另一座建筑中去。

左页图　我们对残骸进行了探索，试图了解当年船员们在船上的生活。同时，我们也发现了船舱里所隐藏的高度机密的货物。

左页图　位于大陆架延伸处的雅克·库斯托的“康谢夫二号”仅仅留下洋葱形的“海胆”残骸，这里存放着工作人员用于探测周围礁石所用的水下机动车。

右图　雅克·库斯托的孙子菲利普·库斯托是海洋探险队中的一员，他来到了水下村庄的残骸中，试图了解当年的状况。

除了“康谢夫二号”对潜水生理学的研究具有决定性作用的，还有佛罗里达海岸边修建的“宝瓶宫”水下试验站，它是由美国国家海洋与大气管理局投资的。利用饱和潜水的原则，科学家们可以在那里进行数天的海洋生命研究而不用担心患上潜涵病。美国国家航空航天局也借助这种原理来训练航天员在高压环境下工作。

“康谢夫二号”的大多数建筑残骸都已经消失不见了，但吸引雅克·库斯托来到这片海域的海洋生命却依然丰富。红海南部地区捕鱼业及旅游业少有发展，所以在这一未经侵害的生态系统中，我们有机会见到在别处濒临灭绝的物种。这种机会太难得了。科学家们很难研究红海中到底生活着什么样的生物，因为他们很难进入红海中的某些地方。

搜寻鲨鱼

在我们的探险中，读者可以看到我们格外关注鲨鱼。在世界范围内，由于对鲨鱼鳍的商业需求，鲨鱼的数量正在大幅度减少。我们提到过，鲨鱼中最受打击的是相貌奇特的双髻鲨——头部扁平呈锤子状，2008 年，它们被世界自然保护联盟列入了全球濒危物种的“红名单”。从前，我们可以在海洋中看到大群大群的双髻鲨游过，而现在却很难找到这样的鲨鱼群了，能够看到它们就已经是一件非常难得的事情了。每次遇见它们，都令我们对于它们的命运有更深刻的认识。

要找到双髻鲨或者其他任何鲨鱼都需要有足够的耐心，同时还要能在水下待上足够长的时间，因此我

参观水下“旅馆”

1963 年，我崇拜的两位英雄还都正当年。当年的电视剧《海洋猎场》中，迈克·尼尔森拯救了喷气式飞机事故中的驾驶员，打赢了海里的凶猛怪兽，并且成功打捞出了沉入水中的核弹头。与此同时，雅克·库斯托发明了“水肺”用来潜水，撰写了《寂静的世界》，乘坐“卡吕普索号”进行了极限潜水探险，还与他的“海中作业员”同伴们共同经历了水下生活。而那年，我刚刚通过了升学考试，但我讨厌学校，我热爱的是海洋，虽然我对此一无所知。当时，我并没有希望成为一名潜水员。

当年，雅克·库斯托为了进入西沙拉布鲁米建立“康谢夫二号”而用炸药炸出了一条航道。现在，当我们的探险船驶过这里时，感到了莫名的伤感。这趟旅程让我们得以瞻仰一个时代标志性的工程。

我进入了“海胆”中，“海胆”待在海底长达 45 年之久，使得这里成了许多海洋生命的家，但在我的眼中，这里到处都是雅克·库斯托的遗产。我脑中只有一个想法，就是进到里面，拿掉调节器，让自己瞬间享受一下成为库斯托航海员的感觉。“海胆”的内部长有有毒的海草，它们污染了这里的空气，使得这里并不适宜呼吸，但我等待这一刻已经等了 45 年，我必须要品味一下这里污浊的空气。

“康谢夫二号”建成的时候，有关潜水技术这个专业领域才刚刚有所发展，且潜水仅仅用于军事活动，很少有人会出于娱乐的目的进行潜水。正因如此，雅克·库斯托想要发明一种呼吸器，让人们可以长时间在水下生存、工作。

雅克的实验开始于 1962 年，当时使用的是“康谢夫一号”，地点位于马赛海岸线外水下 10 米深处。雅克的两名潜水员艾伯特·法尔科和克劳德·韦斯利在里面生存了 7 天。他们是最早使用氦氧混合型呼吸方式的人，每天都在“康谢夫一号”外面工作至少 5 个小时。

“康谢夫二号”下的赌注更大，五名潜水员要在 10 米深的海中住一个月，另外两名潜水员要在 30 米深处生活和工作一个星期。

雅克·库斯托在“康谢夫二号”开创性的工作为后世留下了宝贵的财富，其中包括我们对于潜水生理学、饱和潜水①的了解，他的实验为海洋研究学者提供了有力的数据，还激发了无数人对海洋的兴趣，很多人因此成为海洋科学家或潜水员。现在，已经建成了很多水下旅馆，如果你预订了一家的话，你应该缅怀一下早期的先辈们。当我离开这里前往美丽的沙拉布鲁米时，我就是这么做的。

上图　我心中的英雄是雅克·库斯托，而现在，我正和他的孙子菲利普·库斯托一同探索“康谢夫二号”的残骸。

们决定放弃通常使用的潜水装备，换上再生式氧气系统，这样我们就能有充足的时间待在水下。

双髻鲨通常在超过 200 米深的海水中捕食，它们锤子形状的鼻子上带有高度敏感的电感受器，可以感知人类所无法辨识的细微水温变化。对此的解释是，双髻鲨可以将冷热海水交汇处的盐跃层当作温度变化的参照点。海洋探险队计划在盐跃层中等候鲨鱼的到来。

我们进行了一系列潜水，在此期间有幸见到了许多稀有物种。一条大约 1 米长的旗鱼尾随着我们的一位潜水员，旗鱼是海洋中游动速度最快的鱼类，它们的名字由它们巨大的背鳍而来。当旗鱼将背鳍竖起用于吓退捕食者时，它们看起来非常威风。一条丝鲨从我们旁边游过，这种鲨鱼危险性很低，经常单独行动，以光滑且富有光泽的皮肤而得名。另一位潜水员被一群加勒比礁鲨包围。尽管我们周围有很多鲨鱼，几乎阻挡了我们的视线，但还是没有双髻鲨出现。

就在我们最后一次潜水的最后几分钟里，终于见到了双髻鲨的身影。那画面简直是太壮观了，一群约 30 头双髻鲨组成的鲨鱼群正快速游动。双髻鲨锤头形的头部就像“机翼”一样，使得它游动时的速度很快。近距离观察双髻鲨，你会发现它的头部下表面平坦，上表面呈圆形，十分符合流体力学的原理。它们还可以毫不费力地向上游动，跟随猎物的一举一动。在鲨鱼游入深海中去之前，潜水员们好好地欣赏了这一番难得的景象。

下图　一条旗鱼，它已经将背鳍张开，想要吓退捕食者。

能够见到如此多的双髻鲨给了我们一丝希望，因为至少说明在这一区域内，双髻鲨的生存状态良好，而在世界的其他地方，双髻鲨的数量却在急剧减少，整个种群都受到了威胁。就在我们即将结束这次行程时，我们意识到红海不仅给了人类希望，还给了全世界海洋希望。这里的珊瑚表明，这一海洋中重要的“热带雨林”能够很好地适应海水温度的上升，同时生机勃勃的生态系统也表明，海洋可以孕育多种多样的海洋生命。我们的海洋非常脆弱，但至少在这里，我们意识到了它们仍然能得以“生存”下去。

上图　丝鲨因其光滑的皮肤而得名。它们习惯单独行动，通常可以长到 2.5 米长。它们经常出现在有斜坡的珊瑚礁上。

右页图　我们的等待是值得的，最终我们看到了一大群双髻鲨游动的场景。双髻鲨在世界上很多海洋中都濒临灭绝，但在红海中，我们所见到的鲨鱼群预示着这一迷人的物种还有生存的希望。

上图　这张地球卫星图向我们展示了南大洋的面貌。南大洋在南极附近形成涡流。由于其间没有任何大陆阻碍，这里的海水积攒了巨大的能量。

第 178~179 页图　南大洋是世界上最大的洋流的发源地。我们到达塔斯马尼亚岛时正赶上十分恶劣的天气，这片海洋也因其汹涌的海水而使人们闻之丧胆。

第六章

南大洋

小海洋，大能量

来自塔斯马尼亚气象局的天气预报称："未来，顺时针风速为每小时 20 ~ 30 海里，瞬时可达到每小时 30 ~ 45 海里，极端地区可能会出现每小时 45 ~ 60 海里的飓风。大风将会在海岸线激起海浪。此外，大风地区还伴有降雨和雷电，能见度仅为 1 海里。"

海洋探险队到达了南大洋——这片海域呈圆环形，位于澳大利亚和南极洲之间，因其汹涌的海水而臭名昭著。这片海洋以南极为中心，环绕四周，其间没有流经任何陆地。也正由于没有陆地来降低风速，所以整片海域都刮着强烈的西风。南纬 40° 的地带是世界闻名的危险区域，曾有上千艘船只在这里沉入海底，因此这里被称为声名狼藉的"咆哮西风带①"。这里的海域非常广阔，据说海面曾掀起过 30 米高的巨浪。

目前我们还待在塔斯马尼亚岛东岸的港口，我们此次将要乘坐的"奥大利斯可号"在海面上下浮动着。不远处，海水汹涌澎湃，呼啸的大风使我们无法听到彼此的说话声。显然，我们的探险行程不得不向后推迟。

以小博大

南大洋海域面积将近 2 032 万平方千米，是世界上第二小洋，最小的海洋是与其相

① 咆哮西风带：Roaring Forties，是水手对南纬 40° ~ 60° 之间的海域的俗称，那里西风很凛冽。

对应的北冰洋。南大洋面积虽小，但对地球却有着非常重要的作用。南大洋是世界上最大的洋流“南极绕极流”的发源地，南极绕极流总长 20 921 千米，每秒水流量可达 1.3 亿立方米——相当于世界上所有河流流量之和的 100 倍。这一巨大的洋流携带着营养物质和热量在全球范围内流动，对地球的气候产生了极大的影响。尽管南大洋本身并不大，但它却和三大洋紧紧相连：太平洋、大西洋和印度洋，就像是世界上主要海域之间重要的交叉路口。而最重要的是，南大洋上的洋流在调节气候方面起着决定性的作用。

南大洋寒冷的海水为吸收二氧化碳的浮游生物和海藻提供了丰富的养分，因为这里海水中的含碳量很高，海水吸收了全世界人类所排出的二氧化碳总量的 8%。然而，这片海洋也在向人类发出预警信号，部分海域水温升高的速度比世界其他地方的海洋高出 2.5 倍，而这所带来的影响是非常深远的。

上图 塔斯马尼亚岛的海水一片湛蓝，平静而安详，但远处的海面却可掀起 30 米高的巨浪。

右页图 巨藻形成了一个特殊、多变的微型生态系统，向阳的海藻可以为生活在其中的“居民们”提供充足的阳光。此外，有些海藻处于中间的半遮蔽部分，还有一些生长在不透光的海底，巨藻的枝叶就像陆地上森林层层叠叠的枝叶一样相互覆盖。

这里有迷人的风景及罕见的生物，且富有大自然的狂野之美。尽管它还不为人们所熟知，但就在我们等待着天气转好时，我们预感到，相对于其他探险来说，这次探险将是最具挑战性的，同时，也可能是最有收获的。令人惊奇的是，1 小时之后，海面恢复了平静，狂风也停了下来，空气是暴雨后独有的清澈透明的样子。片刻后，我们朝着第一个目的地出发了。

海上热带雨林

我们即将前往塔斯马尼亚岛的东南海岸，也就是风景如画的海盗湾的北部，去探索这一带最具代表性的海洋生物——巨藻。巨藻是一种棕色的海藻，不同于普通的海藻，它是世界上所有海藻中个头最大的，也是世界上最大的海洋植物，藻体可长达 80 米。它们是生长速度最快的海洋植物，每天都可以长 30~60 厘米，因此在一周内，海藻就可以形成一个完整的“水下森林”。每株巨藻都有一个吸盘可以牢牢地抓住海底的岩石，它们修长纤细的茎上会长出气囊，这些气囊可以产生足够的浮力将巨藻的叶片托举在水中。

这些巨大的植物形成的“水下森林”与陆地上的森林一样，密集的藻体形成了一个微小的环境循环系统，有的海藻处于向阳面，有些处于中间的半遮蔽部位，还有一些生长在不透光的海底。每“层”不同的“森林”下都生活着不同种类的海洋生命。从某种程度上讲，这就是海洋中的“热带雨林”——在这里，

上图　长脊椎型海胆是巨藻的主要天敌。海胆并不是当地土生土长的物种，逐渐升温的海水使它们得以迁徙至此，随后即在此地“安家”了。

左页图·上　塔斯马尼亚岛当地特有的红色长手鱼就生活在巨藻森林中。

左页图·下　戴冠草鱼是依靠巨藻生存的众多生物之一。

海洋生物种类繁多，繁殖力也最为旺盛。

这一独特的生态系统中居住着许多罕见的动物。腹部呈壶形的海马以及大腹便便的海马都生活在这里，还有一些大型鱼类，例如金色草鱼以及戴冠草鱼等，也都“居住”于此。此外，这里还生活着一些特殊的物种，例如有毒的海牛。这里还居住着世界上最小的章鱼——“侏儒章鱼”——通常只有3厘米长。棘刺龙虾、鲍鱼，以及罕见的身上有红黄斑点、身体边缘带穗的草海龙，都生活在这片“水下森林”中。

我们本次探险的目的是观测巨藻目前的生存状况。第一轮调查将在直升机上完成。我们手里有一张标有最佳巨藻生长区域的地图，但从实际来看，情况并不妙。我们并没有看到成片的巨藻，也没有见到密集的巨藻森林。很多地方根本就没有巨藻，只有某些地方有着星星点点的几片巨藻丛。巨藻喜欢生长在冷水中，通常在海岸线水区含有丰富营养物质的冷水中出现。在塔斯马尼亚岛，由于洋流可以将新鲜的养分带到巨藻藻体上，同时海藻也可以附着在海底坚硬的岩石上来固定自己，因此，这里寒冷、清澈的海水为巨藻提供了十分适宜的生存环境。

在过去的 10 年里，这里海水的温度上升了 1.5℃——比世界上其他海洋上升得都要快。现在，塔斯马尼亚岛东海岸的海水最低温度是 11.5℃，平均温度要远远高于这个度数。对于巨藻来说，它们适宜的温度是 6~14℃，显然，这里的温度条件并不适宜其生长。因此，在过去的 10 年间，巨藻的数量大幅度减少。而 40 年前，海岸附近的海水中还到处都是巨藻森林，绵延 200 千米，在空中很容易就能看到它们覆盖了海水表面的大部分区域。而现在，巨藻已经从许多地区消失了。

我们的直升机飞过了位于岛屿东海岸的福蒂斯丘河，这里曾是巨藻密集的生长地。有传说称此地的巨藻十分密集，人们甚至可以踩着巨藻组成的“地毯”穿越广阔的海湾。而现在，这里只剩下零星的几株巨藻。

水下的景象更加令人心寒。原本众多的巨藻如今只剩下零星的一些，潜水员们根本看不到那些藻体形成的巨型“地毯”，取而代之的是单薄修长的几片藻叶。造成这种现象的原因显而易见：经测量，这里海水的温度为 14℃，在这样的温度下，巨藻很难生存。在巨藻根部，潜水员们发现了另一个问题——海胆。这些长有长长尖刺的生物以海藻为食，对食物的需求量很大，以至于不停地吃巨藻直到全部吃完。通常来讲，海胆生长在偏北部的温暖海域，在塔斯马尼亚岛周围寒冷的海水里它们是无法生存的，但随着这里海水温度的不断升高，海胆开始大范围地入侵——灾难发生了。如今，将近一半的巨藻消失了，在某些区域有超过 95% 的海藻不复存在。很难想象，水温升高了仅仅 1.5℃，却给这里带来了如此严重的灾难。

除此之外，由于过度捕捞，这里的情况每况愈下。岩龙虾是海胆唯一的天敌，但很多岩龙虾都已经被捕杀，因此海胆的数量剧增。在没有天敌的情况下，海胆肆意妄为，“消灭”了大范围的巨藻，并且已经将沿岸，尤其是北部地区的巨藻悉数吃尽，“洗劫”过后剩下了大片大片的“海藻瘠地”。一些依靠巨藻生存的鱼类也已经消失，其中包括红色长手鱼——一种靠鳍“行走”的奇特鱼类，以及鲈鱼。

潜水员们回到地面时心情沉重，对于巨藻遭到如此大范围的破坏而感到非常难过，也为那些因此而面临威胁的生物感到非常惋惜。

海龙集聚地

草海龙是一种非常神秘且罕见的生物，它们与海马是近亲，但只出现在南大洋的巨藻森林中。它们的身上长有类似于海藻的叶状突起，使得它们可以安全地隐藏在海藻中。潜水员们之前的好几次潜水都没能看到这一奇异的生物，也没有人见过海龙，而且根据这里巨藻恶劣的生存状态来看，这也许是见到海龙的最后一次机会了。天也马上就要黑了，我们只有这唯一一次潜水机会了。

海龙的行动十分缓慢，因此它们只能依靠伪装才能得以生存。由于它们独特的形状以及像藻体一样的附肢，使得它们看起来就跟巨藻一样，所以当它们徘徊或者静止在巨藻周围时，很难被人们发现。我们发现，想要找到一只海龙的想法看起来非常可笑：这简直就像大海捞针一样。但就在眨眼间，一只海龙出现了。这画面实在是太不可思议了：一只颜色艳丽的草海龙游经我们面前，身上有红、黄斑点，后背的肋骨为隐隐约约的蓝色。它在水中自在地漂移着，鳍部细小的动作用肉眼几乎看不出来。

每一只海龙都有自己独特的斑点形状。虽然海龙

上图 潜水队员中没有人见过海龙。但在即将结束潜水时，幸运降临了，菲利普·库斯托和图尼·马托亲眼见到了这一罕见、神秘的生物。

与海马是近亲，但与海马不同，海龙没有孕育幼体的“口袋”。在幼体孵化出来之前，雄性海龙将卵安放在它们尾巴的底部。它们以小型甲壳类动物以及浮游生物为食，通常将食物吸入它们长长的管状嘴中。能够看到海龙实在是太难得了，直到它漂进海藻中，潜水员们才意犹未尽地离开。

海龙只是依靠巨藻生态系统生存的众多海洋生物之一。讽刺的是，尽管我们大多数人都意识到了陆地上的热带雨林正在面临着消失的危险，但很少有人会关心我们的海洋中这一重要的生态系统同样正在遭到破坏，有些人甚至还不知道这些。

残酷的事实

现在仍有一个问题需要解决：为什么这里的海水温度上升的速度比世界其他地方要快？据测算，世界上的海水温度平均升高了 0.6℃。而在这里，水温居然升高了 1.5℃。海洋探险队希望能与来自澳大利亚联邦科学与工业研究机构下属的海洋与大气研究所的科学家肯·李奇微博士、西蒙·艾伦以及琳赛·麦克唐纳一起调查水温升高的原因。

他们带来了一架滑翔机，与一般滑翔机不同的是，这架滑翔机是专门在水中使用的。滑翔机上带有远程温度感受器，并配备了 GPS 导航仪、发动机以及机翼，可以通过调整浮力下沉到 200 米深处，然后再沿着预先设定好的轨道向上升起，一边上升一边收集沿途数据，并将这些数据通过卫星传送给研究队。我们的任务就是要让它进行实地“试飞”。早在 1998 年，科学家们就发现了一股强大的暖流，即东澳大利亚暖流。正如它的名字一样，这股洋流绕着澳大利亚东部流动，最北到达塔斯马尼亚岛，但现在还没有迹象显示这股暖流在移动。这次的调查就是追踪东澳大利亚暖流的运动。

之前的研究对不同地点的洋流进行了测算，结果显示温暖的海水正在向南移动——就像一条温暖的舌头沿着塔斯马尼亚岛海岸伸向南大洋中。洋流方向的改变使得这里的海水升温速度加快，而日渐猛烈的南太平洋信风使得东澳大利亚暖流向更南边移动。因此，乍一看，海水的升温好像与气候变化无关，但一些科学家认为，海风的增强有可能是温室气体在空气中大量聚集以及臭氧层空洞造成的。由此可以得知，这里的水温升高是由一系列复杂的原因引起的：人类的活动释放了大量的温室气体，使得风速随之增强，继而引起了洋流向南的移动，从而造成了生存环境的破坏，最终导致海龙以及其他物种面临灭绝的危险。

拯救海豹

一想到巨藻及其相关的生态系统令人担忧的未来，我们实在无法保持乐观。但至少，对于某些生物来说，未来还是光明的。当我们乘着“奥大利斯可号”前往下一个目的地时，在途中惊奇地发现了一大群澳大利亚海豹。我们是凭着声音发现它们的——那震耳欲聋的嚎叫声。到达海湾时，我们终于见到了它们——一大群吵闹、忙碌、活泼的海豹正围着岩石爬上爬下，有些还调皮地潜入海中拍打出水花。澳大利亚海豹是世界上第四大稀有物种，自从 20 世纪至今，过度捕猎使它们已经处于灭绝的边缘，现在它们的数量恢复得也很缓慢。因此，能够在这里见到如此多的海豹，我们都感到异常兴奋。

海豹个头庞大，非常漂亮。雄性海豹可以长到 2.25 米，体重可达 358 千克。我们看到的这些海豹是世界上最大的海豹，以至于我们已经迫不及待地想要准备下水看看它们了。海豹和它们的“堂兄”海狮一样，在岸上都行动敏捷，可以通过转动前脚蹼在石头上“行走”，在水下，它们就更加灵活了。它们在海中轻快地扭动、转身，毫不费力地绕着潜水员们快速游动。

这个场景令我们十分激动，我们观察到海豹的每一个动作都会带出一串气泡，这些空气都是藏在它们

右页图　自从 20 世纪至今，过度捕猎使得海豹处于灭绝的边缘。现在南大洋的海豹数量正在逐渐恢复。

皮层中用来保暖的。它们浓密的皮毛由毛茸茸的下层绒毛以及又长又粗糙的外层毛发组成，其中外层毛皮是防水绝缘的。它们有力的前脚蹼可以在水中加速，因此它们的游动速度极快，觅食时更可以在 10 天内穿越 499 千米的距离。它们主要以鱼类和头足纲动物（乌贼、章鱼以及墨鱼）为食，一夜之间可以潜水 50 次，潜水深度可达 100 米。

在岸边看到大批海豹幼崽是个好兆头。通常，雌海豹每次只能产下一只幼崽，并且只有一半的海豹幼崽可以存活下来，因此能够看到如此健康的海豹群非常振奋人心。现在，澳大利亚海豹被列入保护动物，而这项工程的经费来源不同寻常。1926 年，出生于霍巴特的波琳·珂轮女士嫁给了遭到驱逐的俄国王子马克西米利安·梅丽科夫。在波琳 1988 年去世时，她非常慷慨地将遗产捐给了这里需要帮助的海豹和海豚，现在塔斯马尼亚岛关于海豹和鲸类动物的绝大多数研究都是由她的遗产资助的。

看到这些活泼好动、生长状态良好的海豹们时，潜水员相视而笑。海豹们也许不知道，是一位俄罗斯籍王妃给了它们存活的希望。

南大洋的诞生

展望了海洋的未来后，我们的下一个目标是去探索它的过去。我们乘坐着“奥大利斯可号”沿着塔斯曼半岛航行，计划去调查南大洋的诞生过程。这个过程就隐藏在海洋深处岩石峭壁上的洞穴中。当我们的船经过时，我们看到海岸边那些奇形怪状的峭壁和岩石高达 300 米，巨大的六角形玄武石矗立在水中——与爱尔兰巨人岬的结构非常相似。这些巨型石柱是粒玄岩的岩浆结晶。世界上最大的粒玄岩群就位于塔斯

上图 海豹不但在陆地上行动敏捷，在水中也是非常出色的游泳健将——它们在水中为潜水员们表演了一系列旋转、翻身以及飞速游动等高难动作。

左页图 对于我们来说，最开心的莫过于看到大批海豹幼崽的时候。它们的出现表明，这一群体的生存状态良好。

第 192~193 页图 塔斯曼半岛由异常坚硬的粒玄岩构成，这些岩石曾被用来建造金字塔。这里的岩石实际上是巨大的岩浆结晶，与爱尔兰巨人岬的玄武岩圆柱非常相似。

马尼亚岛。

澳大利亚塔斯马尼亚瀑布湾位于伊格尔霍克向南 4 千米，是一个小型瀑布群。在海岸线附近的水下有许多山洞，有关南大洋形成的痕迹就藏在这些山洞里。大约 3 亿年前，板块活动抬升了这个半岛的东部，一些海洋生物被困在了这里，久而久之，它们的遗体被化石化。现在，这些化石埋藏在海洋深处的峭壁下，也就是那些犹如迷宫般的山洞中。

这里的化石多数是海洋古生物化石，包括腕足动

物、苔藓虫（类珊瑚群）、双壳类软体动物，以及腹足动物等，其中我们最感兴趣的是腕足动物。它们是小型双贝壳海洋动物，与现在的蛤蜊非常相似，但两者没有必然的联系。

我们将山洞中的一些化石带到了岸上，当打开其中的一块时，我们得到了一个非常意外的收获：这是一块与特定地质时间相对应的腕足动物化石，除了这点，更令我们惊奇的是，它居然和远在 2 993 千米之外的南极所发现的腕足动物化石同属一个物种。这充分证明了，塔斯马尼亚岛和南极曾经同属一片大陆，南大洋在当时还没有出现。这块化石来自遥远的远古时期，当时南半球只有一块叫作“冈瓦纳古陆”的陆地。这块陆地在强烈的地质作用下逐渐分开，再经过逐渐的演变，形成了现在的非洲、南极洲、印度以及南美洲。新西兰在 8 000 万年前从冈瓦纳古陆分离开，4 500 万年前，澳大利亚与南极洲分开，这些分离开的陆地沿着不同的方向漂移。塔斯马尼亚岛是最后一块从南极洲分离出去的土地，随后就形成了现在的南大洋。

随着塔斯马尼亚岛的分离，一片完全环绕地球而没有大陆阻碍的大洋形成了。南极绕极流逐渐形成，成为世界上唯一一个拥有一条环绕流动的洋流的地方。同时，洋流将温暖的海水带离南极洲，南极洲附近的海水逐渐变冷，进而结冰形成了厚厚的冰盖。

而现在，在“奥大利斯可号”肮脏的甲板上，我们手里的这些小化石就曾见证这一段历史故事。

海洋的威力

南大洋美得让人窒息，大片大片的云彩游荡在广阔的天空中。但我们还是觉得这里给人以“另一个世界”的感觉，令人陶醉其间。陆地和海景看起来有些不真实，昼夜交替，夜晚的天空也并不总是漆黑一片。对于生活在北半球的人来说，南半球既熟悉又陌生，因此这次探险有点《爱丽丝梦游仙境》的感觉。

我们无法告诉你南大洋的威力到底有多大。海面上无休止的西风可以驱使海水将陆地隔断，所以我们想不出一个合适的测量单位来衡量这些。咆哮西风带就在“奥大利斯可号”南部，那里没有陆地的阻碍，因此经常出现世界上最强大、最长的海浪。

到达下一个目的地之前，我们看到许多信天翁悠闲地在天空飞翔着，也许它们已经无数次经过这里进行环球航行；船头聚集了很多海豚，我们冲着它们大喊大叫；我们花费了好几个小时俯瞰鸟群下方的大海，

上图　这幅图像展示了当时的冈瓦纳古陆，如今的非洲、南极洲、澳大利亚、印度、新西兰以及南美洲就是从此分离开的。随着陆地的分离，最终形成了如今的南大洋。

左页图　我们在澳大利亚塔斯马尼亚岛瀑布湾找到的腕足动物化石，它和 2 993 千米外的南极洲所找到的化石是一样的。这充分说明了塔斯马尼亚岛和南极洲曾经紧密相连，同属一块大陆。

因为那里也许有鲸出现。我们偶尔会好奇海浪到底还要拍打多久，信天翁到底有多大。我们知道信天翁的翼展开可以达到 2 米，但是在对比例毫无概念的时候，大脑会骗你说它们的大小和海鸥差不多。就在我们设想时，一只信天翁甚至连翅膀都没有拍一下就毫不费力地飞到了我们的船边，轻轻扭转身子呈水平状，直视我们的眼睛。直到这个时候我们才确定，它实在是太大了。它脸上的表情说明了一切。我们还没有见过如此睿智、冷静、高傲、强大的鸟类。这一刻对大家来说是一场视觉盛宴。

我们一路向西航行，虽然我们的感官系统并不敏感，但我们还是感到海洋正在发生着变化——海浪不再柔和，我们感到了一股强大的力量。海浪的顶端变得愈发平坦，而底部则更深更长。然而海风并没有发生任何变化，天空也依旧清澈。我们意识到，这种变化并不是由于地理条件，一定是南大洋环球圈中的某个地方下起了暴风雨，而这股力量正在自西向东蔓延。

有经验的水手都知道，向西航行是条错误的路线。由于风力的作用，在咆哮西风带上是不可能向西航行的。但我们有制定好的目标，而这条路是我们唯一的路径。因此，我们迎着咆哮的海水继续前行。高高的海浪将船体托起，我们陷入了忙乱的状态——所有人都在跑着、笑着、叫着，当船到达海浪最高点时大家向上跳起，迎风而立。海洋的力量异常强大，它似乎正从我们身上穿过。而这还只是南大洋的一小部分能量，凶猛的海浪还在绕着地球一圈又一圈旋转。

起初，到达海浪顶端时的失重感很棒，但当海浪顶端过长过平时，我们不得不担心下落到深深的浪底时的危险了。大家停止了嬉戏，当再一次经历风口浪尖时，我们开始犹豫是否再向前航行。因为在这种情况下，我们看起来似乎一直在原地上上下下地浮动着。

我们中的每一个人都十分优秀，几乎可以处理一切问题，但这次探险却不同以往。我们在不停地测算路线，预估用撞击减速的方法所引发的后果。与此同时，我们的体能消耗也非常大，因为我们要确保船只装备、潜水设备、工具箱以及小山一样的摄影器材的安全的同时，还要继续细心观察。此外，手忙脚乱中

这一切简直难以置信：我潜入了塔斯马尼亚岛的水下山洞中，近距离接触了南极，并了解了南大洋及其海洋生命的形成过程。但通过研究我们发现，问题的关键是要找到一些山洞底部的特殊岩石。让我们回想一下这些山洞是怎样形成的：形成山洞的岩石是粒玄岩，它们是熔岩浆在大陆板块间被挤压后又迅速冷却形成的。这些岩石异常坚硬，排在摩氏硬度表的首位。埃及人建造金字塔时就是利用这种岩石来切割花岗岩的。

虽然历经数百万年间海水持续的拍打，但这些峭壁几乎没有发生变化，只是在极个别的地方出现了一些极其细微的缝隙。无情的海水继续拍打，扩大了这些小裂缝，接着裂缝形成了大一些的洞眼，最终成为一个巨大且复杂的山洞。这种分析似乎非常合理，但当你看到它们时，你还是会觉得难以置信。

我们要找的岩石就在其中一个山洞的底部。现在的问题是，那些曾经促使这些山洞形成的猛烈的海浪如今依然存在，这使得我们的潜水变得十分危险。当地人告诉我们，只有当海浪不足半米时才能潜入这些山洞中。这里曾发生过潜水事故，一些经验丰富的潜水员被他们的安全绳索缠住，海浪将他们包围起来，在水花中他们无法辨别方向，直到几周后人们才发现了他们的尸体。

此刻的海浪大约 2 米高，我们只好将船停在了距离峭壁 10 米远的地方。撞击峭壁后折回的凶猛海浪使小船颠簸着，令我们每个人都有了眩晕的感觉。不知从哪里突然出现了一个很高的浪头，无奈，我最终决定先进行一次勘察性的潜水来察看一下这里的环境。

峭壁远处的海面还算平静，但就在我们靠近峭壁时，我发现我所做的所有准备都是徒劳的。我无法控制自己，当洋流将我带到洞的入口处时，我感觉就要被淹死了。而一旦我真的被卷入水中，我肯定无法逃脱。显然，我们不得不等待海浪渐渐平息之后采取行动。我不想移动船只，因为它所在的位置十分适宜。因此，我们就在那里慢慢地等待着。幸运的是，大约 2 小时后，海浪开始逐渐减弱，我们有机会尝试第二次潜水。图尼和我潜入了长满巨藻的海底，显然这种环境很适合我们的工作。

山洞的入口很难找，几次错误的转弯浪费了我们太多宝贵的时间，不过最终我们还是找到了通往入口的路径。身后的自然光渐渐消失，我们渐渐放松下来，开始专心欣赏从岩石的细缝中射出来的一道道蓝色光束。由于进入山洞很困难，所以山洞的底部非常干净没有杂质，并且当这光滑的表面被永不停歇的海浪打磨时，要来到这里就更困难了。不过这对于我们来说是

上图　海浪已经拍打这些峭壁长达数百万年的时间。在此期间，岩石上出现了细小的裂缝，并渐渐发展成为大一些的裂缝，最终形成了这里大型的山洞系统。

左页图　我们乘坐的“奥大利斯可号”不得不停靠在远离峭壁的地方。对于由木质船体来说，遇到波涛汹涌的海面和坚硬的岩石可不是什么好事。

个好事情，我们可以专心寻找我们想要的化石而不受干扰。找到第一块化石时，我们非常激动——那是一块美丽的腕足动物化石，依附在一块手掌大小的岩石表面上。找到这种表层化石的难度在于，由于这些化石已经在洞底长达千百万年之久，有些特征都已经很不明显了。我们总共收集了大概 25 千克重的岩石，放在袋子中，希望打开它们之后可以在里面找到珍贵的化石。

我们带着装满岩石的袋子向开阔的水面游去，把它们交给等在那里的同事。在我们缓慢上升及进行减压停留的过程中，我迫不及待地想直接上升到地面，在水中停留的每一分每一秒我都觉得是在浪费时间。我不是地质学家，但和我一起工作的却是最优秀的地质学家，我期待他们用大锤将岩石敲开从而找到化石。我在船尾也试着像地质学家那样做，但我敲碎的仅仅是面包板而已，并且有些小碎片还砸中了大家。我经过研究发现，如果仔细观察岩石，找到清晰的纹路，就可以用很小的力将它打开。每一块石块中都蕴含着珍贵的化石：清晰、漂亮的贝壳。

这种感觉太美妙了——面对着咆哮的海洋，手上握着一块小小的岩石，它向我们讲述着几百万年前大陆的分离以及南半球海洋生命诞生的故事。

我们还要追着箱子、防护板、冰箱、水桶、绳子、氧气罐之类的东西跑，在第一轮海浪来袭时，这些东西就已不再处于固定状态而是“自由”地到处翻滚了。

如此艰难的航行使得我们再也没有心情嬉戏了，我们每个人都在忙乱中擦伤了皮肤，并且每个人都觉得受到了海洋的“虐待”——就在你为找到了平衡而感到庆幸，为自己在甲板上漂亮的走动而表扬自己时，淘气的海洋则立刻打乱了节奏，你的膝盖、手肘或者头部又会重重撞上船上的尖利物。五分钟后，这种情况重新上演——并且还要持续上演好几天。

下图 南大洋上的日落非常壮观，使我们产生了一种身处“另一个世界”的感觉。

右页图 这片海洋的威力无法估计，但生活在这里的海洋生物却可以与这里的一切和谐相处。

神秘的深海世界

当我们出发进行下一场潜水时，那种身处“另一个世界”的感觉更加强烈。这次我们是要去往塔斯马尼亚岛另一端、人迹罕至的戴维港及巴瑟斯特湾。巴瑟斯特湾被认为是澳大利亚南部最为古老的入海口，

被淹没的山谷

我们离开起伏不定的南大洋，经过布雷克西岛，到达了巴瑟斯特湾。突然间一切都变了，水面变得如镜面般平静。这一天然港风景秀丽，近岸的海水由海蓝色变成了模糊的棕色，远处的海水则完全成了深棕色，就像黑咖啡一样。

我这次的潜水任务很有意思，可以在 10 米深的水中见到只能在 50~400 米深处才能见到的特殊海洋生物。这种生物是这里的海洋科学家发现的一个新物种，当地人说，每次潜水时候都能见到这种生物。

潜入水中的感觉非常奇怪，当面罩接触到水的那一刻，能见度是零，面罩的外层就像被刷上了一层深棕色的颜料一样。同时，由于这里还有猛烈的洋流，因此在能见度为零的情况下潜水是完全没有方向感的。但是，下降到 7 米处时，水清亮了，我能看清方向了。打开潜水手电筒向上看，我上层的海水为红棕色，而我所在的地方十分昏暗，但水却很清澈。

我觉得我的电筒光照亮的是一个无底洞似的世界。这里有成群的橙色和黄色的海笔在寻找食物。这些海笔慢慢从底部的沉淀物中漂浮起来，穿过洋流去寻找食物。神奇的是，它们居然可以辨别洋流的位置。沉淀物非常松软，想要不掀起它们很难，而掀起它们就破坏了这里的能见度。让我们觉得费解的是，海笔其实是简单的无脊椎动物，但它们看起来要复杂得多。

当我来到柳珊瑚的地盘时，那感觉就像回到了过去。我上一次看到这些柳珊瑚是在更靠南边且水更深的地方。这些神奇的柳珊瑚大约有 2 米长，身上的黄、红、橙色斑点非常显眼，以至于在黑暗的水中看起来闪闪发光。

当我靠近它们时，借着手电筒的光，我看到了一些银色的袋子，这些袋子被一些看起来像是黄色的线连接到了柳珊瑚的身上。距离更近的时候我看到，这些袋子其实是一些棋盘状的鲨鱼卵鞘。很难想象鲨鱼居然使用了一种非常复杂的结把卵鞘固定在了柳珊瑚上。没有人知道鲨鱼是如何做到的，这个过程始终没有被人发现。我用手电照射了这些卵鞘很长时间，仔细地观察了在里面蠕动的鲨鱼宝宝，我真的很好奇鲨鱼是如何打结的。

下图 · 左　我们发现，柳珊瑚的橙色实在太亮了，以至于它们看起来就像在黑暗的海水中发光一样。

下图 · 右　潜水员用手电筒照亮了与柳珊瑚相连的鲨鱼卵鞘。

右页图　保尔 · 罗斯和图尼 · 马托欣赏着捕食时摇摆着的海笔。

也是最不寻常的一个。这一天然海港完全与世隔绝，方圆 3 212 平方千米内没有一条道路，要进入其中只能乘飞机或坐船，而通往其中的海路恰巧要穿越恶劣的咆哮西风带，因此要安全地到达那里非常困难。此外，这个海港并不是因为与世隔绝才显得特别，而是因为这里形成了一个独特的海洋环境：一个深邃、陡峭、狭窄、被淹没的山谷——巴瑟斯特湾。海湾大约长 12 千米，宽 1 千米，连接着巴瑟斯特海港与戴维港。

海水被海峡周围的泥炭土染成了棕黑色。丹宁酸浓度很高的淡水位于海水的最上层，使得阳光无法到达海底。再加上海水含养分较低，使得这里的生存环境和深海一样。因此，在几米深的地方生活着一些只有在海底数百米的地方才能找得到的深海生物。造成这种情况的原因可能是，大约 6 000 年前，海水填满这个山谷时将深海物种带到了这里，而在入海口处有一座叫作布雷克西的小岛，将这里与公海隔开，使得这些物种被困在了此地。

研究深海生物是非常困难的，原因是它们生活在海洋深处——那些潜水时无法到达的地方，因此只要有机会能见到它们，我们遭遇的所有危险就都是值得的。

海笔的舞蹈

巴瑟斯特湾的海洋环境非常特殊。在这里生活的水生生物，包括残遗动物区系在内，可以追溯到 8 000 多万年之前，同时，这里还遗留有冰河世纪时的一些元素，这些元素在世界其他地方是找不到的。但最吸引人的还是不同寻常的深海生物。这里的深海环境极端的恶劣——光线以及养分都不充足，这就意味着这些深海生物需要采用一些复杂的非常规方式才能生存下去。

海笔因其羽毛形的外观而得名，它们很容易让人联想起古时候的羽毛笔，平时它们就像蕨类植物一样在海底飘荡。海笔实际上由水螅体组成，每个水螅体分支形成了这种无脊椎动物的不同部分。最早，初级水螅体的触角退化，形成了坚硬、竖立的肉质茎（脊椎），底端为球根状的“根”或者呈花梗状的“根”。之后，次级水螅体从主茎上伸出分支，有些结构可以吸入水流（即管状个员），有些是带有刺细胞的进食结构以及繁殖结构（即独立个员）。海笔以洋流带来的浮游生物为食，并且进化出了一种神奇的身体反应机制，能够一边最大限度地捕捉猎物，一边使自己免受天敌的侵害。大多数时间，它们都藏在海底沉淀物的下方，偶尔露出来进食。它们可以将海水吸入组织内使自身膨胀，达到 2 米高。顺流而下的洋流所形成的旋涡将浮游生物卷入其中，围绕着海笔负责进食的水螅体不停地打转。不久后，海笔又回到了沉淀物下方。由于它们的捕食与潮汐运动无关，再加上这里十分昏暗，因此我们无法研究它们是在白天进食还是在夜间。我们怀疑海笔在夜间也会进食，但是没有人在夜间看到它们。我们现在所进行的是一个在其他地方还没有被研究过的课题。

我们也不知道接下来会发生什么。组装好装备后，我们选择用一台可以在夜间每十分钟拍摄一次的定时相机来记录海笔的行为。只有在巴瑟斯特湾这个特殊的环境中，才能利用这种方法进行研究。

在看到所拍摄的影像时，我们欣喜万分。影像中展现的是“舞蹈着的海笔”，它们确实在晚上继续进食。我们拍下了它们在洋流中来回摆动吸水膨胀的样子，然后欣喜地看到了它们像跳着芭蕾舞一样慢慢缩小的场景。

上图　棘刺龙虾是海胆的天敌。在一项特殊的试验中，棘刺龙虾将会被送回到巨藻森林中，希望可以借此控制海胆的数量。

带着这一发现带来的兴奋感，我们离开了南大洋中这个类似于“爱丽丝仙境”般的地域。这里的海水是棕色的而非蓝色，这里的浅海中可以找到深海生物，这里的波浪下方有被淹没的山谷。

龙虾救援队

结束此次探险前，我们还有最后一项任务需要完成。这次探险开始时，我们提到了面临被破坏的巨藻森林，希望可以通过这次行动来缓解这一糟糕的情况。

我们即将前往在塔斯马尼亚大学工作的克莱格·约翰逊教授那里去取棘刺龙虾。棘刺龙虾是塔斯马尼亚岛捕鱼业最主要的品种，因为它是风靡整个澳大利亚的美味佳肴。但是约翰逊教授并不乐于享用它们，他要利用棘刺龙虾开展一项开拓性的课题，尝试着重建巨藻森林。如前文所述，塔斯马尼亚岛附近的巨藻正在遭到海胆的破坏，而棘刺龙虾正是海胆的天敌。这项独特的课题计划将岩龙虾送回那些被破坏的巨藻区域，希望它们可以有效控制海胆的数量。

约翰逊教授所使用的棘刺龙虾遍布澳大利亚南部和新西兰沿岸海域。这些龙虾生活在深度 5 ~ 275 米

上图 被释放的第一批棘刺龙虾。这里曾经生长着繁茂的巨藻，但现在却变得十分贫瘠。早期的实验显示，这些精心挑选出的棘刺龙虾非常喜欢捕食海胆。但这一实验能否有效控制海胆的数量进而重塑巨藻森林，还有待时间验证。

的礁石中或礁石附近。它们彩色缤纷，背部呈深红色和橙色，腹部为浅黄色，通常在海底爬行，偶尔将尾巴从伸展的位置收缩至身体下方来向后游动。它们的触须对周围的动静十分敏感，它们一旦感觉有异常情况，就会很快撤回到洞穴中。相对来讲，它们是海底的“通吃分子”，会以碰到的几乎一切东西为食。

约翰逊教授的实验室里放有成箱的巨大的龙虾。每只龙虾都重达 10 千克，身长超过 140 厘米。为了这项课题，这些龙虾都是从深海中精心挑选出来的，因为只有大一些的龙虾才可以抓住海胆身上的长刺，将它们翻转过来从而攻击它们柔软的腹部。人们都知道海胆是龙虾最喜欢的食物——一旦海胆不幸掉落在龙虾周围，龙虾会像吃爆米花一样将它们统统吃掉。但没有人研究过，如果将这个过程反过来，把龙虾放入海胆高度密集的区域时会发生什么。

今天，我们就要来验证这个方法是否可行了。我们即将出发前往塔斯马尼亚岛海岸火焰湾附近的大象岩，货车后面的板条箱里装有 350 只巨型活龙虾，它们即将被释放到巨藻遭到破坏的区域。

每只龙虾的一条腿上都被注射了无害的有色人造树脂（鲜绿色、粉红色或黄色），以便于我们能轻松地辨认出它们。由于这些龙虾是用来做实验保护海洋环境的，因此捕获它们是犯法的，这些有色树脂可以对渔民起到警示作用。为了追踪每只龙虾，我们还为它们植入了电子标记跟踪器，和用在猫、狗身上的微型芯片类似，科学家们可以借此跟踪龙虾的一举一动。

到达释放地点后，这些箱子被放入水中交给潜水员。释放这些大龙虾并不是一个简单的工作。打开箱子后，龙虾争抢着从箱子里爬出来，我们的手很容易被它们夹住。场面十分壮观，我们有幸看到几百只龙虾一起伸缩尾巴的场景。获得自由后，它们弹跳着在海底的岩石中寻找适合生活的地方。这里曾经生长有繁茂的巨藻，直到海胆统治了这里，才变成了一片荒芜。现在，我们希望棘刺龙虾能够大量捕食海胆，使巨藻恢复生机。海洋中遍布着海胆，很快一只棘刺龙虾就开始追逐一只海胆做美食了，这是一个好兆头。随着最后一只棘刺龙虾被我们放入水中，它们似乎已经做好了融入新环境的准备。如果这次行动顺利，我们在未来将总共释放 1 500 只棘刺龙虾，它们的任务很繁重——它们要大量捕食海胆来重塑这里的生态平衡，以此保护巨藻森林，重建这一特殊又极其重要的生态系统。

生物保护正在进行中，如果这里的实验成功的话，就能为世界其他地方正在受到威胁的海洋环境带来希望，同时这也为我们的这次探险画上了一个乐观的句号。南大洋是世界上最不同寻常的一片海洋，在这里我们经历了挫败、振奋、恐惧，却又在最后得到了一线希望。我们看到了人类所酿成的灾难，但也看到人类利用智慧来扭转这个局面。最后我想说，这片被称为“爱丽丝仙境”的海洋也许真的能成为一片奇境。

第七章

北冰洋

地球的气候控制员

厚厚的冰块破碎时发出的刺耳声震荡着我们的内心，仿佛地球被撕裂了一样。与此同时，我们的船头割破冰块时所发出的“吱吱”声在极地冰冷的海洋中回响着。凌晨2点时，我们到达了“兰斯号”破冰船的甲板上。现在是北冰洋的仲夏时节，24小时的白

上图　这幅卫星图像显示了2006年北冰洋的景象，那时，这里的冰盖面积还很大。但从那以后，冰盖面积每年都以96 607平方千米的速度缩小。

左页图　“兰斯号”停泊点附近的冰面上北极熊的足迹。这些足迹提醒我们，在冰面上工作时要配备武装警卫。

第206~207页图　北冰洋斯瓦尔巴群岛现在已经被冰雪所覆盖，这里曾经是世界上主要的捕鲸场所。

左页图·上 实际上，北极熊的皮毛是没有颜色的，我们所看到的白色是因为它反射了太阳光。

左页图·下 “兰斯号”停泊在了距离北极点大约 805 千米的地方。我们之所以来到如此偏北的地方，是为了调查那些年代比较久远且到目前为止还没有被破坏过的冰川。

第 210~211 页图 位于食物链顶端的北极熊完美地适应了北冰洋——“有熊出没的土地”——寒冷的环境。

昼使我们无法入睡。冰面上清晰可见北极熊走过的痕迹，这些延伸到地平线的印迹是这片“白色荒野”中唯一的生命迹象。

突然，这些脚印的制造者出现了。它们是陆地上最大的食肉动物，也是少数已知的会攻击人类的动物之一。我们眼前的这头北极熊距离我们的船不到 10 米，个头巨大，毛发蓬松，在夜晚日光的照射下，它的轮廓显得十分高大，令人畏惧。毫无争议，它们是这片空荡的“白色荒野”的统治者。我们抵达了北冰洋，遇到了这里最具代表性的“居民”。实际上，北冰洋的名字来源于古希腊语中的“arktikos”一词，意思是“有熊出没的土地”。可见重达 798 千克的它们给人们留下了深刻的印象。

寒风指数的变化

北冰洋是世界上最小且最浅的海洋，但这里冰冷的海水在控制海洋温度方面起到了非常重要的作用，整个地球的天气和气候也会受到它的影响，因此它的任何变化都会影响地球以及我们的生活。实际上，北冰洋确实在发生着变化，而且速度很快——这里变暖的速度是世界其他地方的 2 ~ 3 倍。即使是寒风指数稍有变化，都会对这里产生巨大的影响。

直到现在，这里的冰雪还在不断地将热量反射回空中，土地和海洋上方都覆盖着厚厚的冰块，所以这里的温度很低。但是，随着地球温度的逐渐升高，这里的冰雪变得越来越少了。同时，土地和海水现在已经不再反射热量，而是吸收热量——越来越多的土地和海水暴露在了阳光下，使得这里变得越来越温暖。因此，随着冰雪的融化，北冰洋反射热量的能力（反射率）也随之下降，全球气候变暖的速度因而加快了。

据测算，每年都有 96 607 平方千米的冰块融化消失。2007 年，北冰洋的冰块覆盖面积缩小到了 388 万平方千米，这是近代以来出现过的最小值。北冰洋变暖会给世界上主要的海洋循环系统造成影响，其融化的冰块也会导致所有海洋的海平面升高。

海洋探险队的最后一次探险将要探索北冰洋地区正在发生的变化，以及这些变化给这里特殊的生态系统所造成的影响。

面临危险的北极熊

现在，那头北极熊以一种略带威胁的方式扭转了头，从容地走开，迅速消失在一片模糊的背景中。北极熊已经成功地适应了这里的极端环境：冬天，这里的温度达到 -30℃，即使是在最热的夏天，温度也不会超过 10℃。北极熊的抗寒“武器”是厚厚的毛皮，毛皮里面的皮肤是黑色的，可以帮助它们吸收太阳微弱的热量。此外，它们皮肤里层的脂肪厚度超过 11 厘米，有助于它们维持体温。实际上，北极熊的保温能力很强，以至于它们不得不缓慢行动，来防止体温过高。北极熊与灰棕熊是近亲，但它们的毛皮褪去了所有的颜色——体表的白色是毛皮反射太阳光的结果。这种毛色的退化也为它们带来了便利，在捕食海豹、白鲸甚至小海象时，它们只需要躺在白色的冰上就可以很好地隐藏自己。北极熊主要在冬季捕食，因为它们需要借助冰块来接近那些浮在海上的猎物。在此期间，它们需要囤积大量的脂肪以度过之后短暂的无冰季节。

和这里的其他生物一样，北极熊也面临着海水升温所带来的威胁。即使是轻微的温度变化都会给它们带来严重的后果——因为这意味着冰块在春季会提前融化，而在秋季会推后形成。北极熊的捕猎时间会因此变短，生活状况也会随之恶化。它们在无冰期每周体重都会下降 10 千克，这对怀孕的北极熊以及北极熊幼崽来说是致命的。

因此，我们急于调查今年这里的浮冰覆盖情况：不仅仅是调查浮冰的面积，还要调查其厚度。我们计划进行一次冰下的极限潜水来调查这里的情况。显然，即使在船上我们都面临着危险，更不用提在水中了。如果有人从船上跌入冰凉的海中，恐慌和惊吓足以诱发心脏病。此外，由于冷水吸收人体热量的速度是空气的 32 倍，因此一旦落水，救援时间就尤为珍贵。

有时，哺乳动物在冷水中会出现潜水反射，这是一种在遇到冰水时自身产生的极端生存机制，身体的新陈代谢会自动停止，血液不再流入手臂和腿中，只在一些主要的器官——心脏、大脑和肺部进行循环，且心跳每分钟只有 6~8 次。在救援队到来之前，这一机制通常可以给生存带来一线生机。在甲板上工作的地面辅助人员一遍又一遍地温习着这种想法，即将入水的队员们也在进行着思想斗争。

除了正常潜水可能会面临的危险之外，潜入浮冰下方还会遇到其他危险。由于潜水员上方是厚达几米的冰块，一旦他们在水下发生什么不测，想要逃到水面上几乎是不可能的。除此之外，由于浮冰还在不停地移动，所以他们的入口会随之改变甚至被完全封死，他们会被困在水中。尽管危险重重，但这次潜水势在必行，因为在水下观察浮冰对于我们了解冰层的厚度和现状都是非常重要的。

海冰与淡水冰山或冰川不同，它是结冰的海水，即由浮到海面的海水冰晶接合而成。随着冰晶越积越多，冰层的厚度也随之增加，久而久之，可以形成面积达 1 554 万平方千米的漂浮冰层。由于浮冰没有固定于海岸线或者海底，因此受到潮汐和洋流的影响，它们可以在一天内移动 10 千米的距离。

一个陌生的世界

这片冰冻的荒野白茫茫一片，无边无际。海水、陆地上的冰以及冰川构成了一幅“冰光粼粼”的美景。但行家知道，这里的冰块是由多种不同的冰组成的，情况十分复杂。除了浮冰，这里还有许多较为松散的流冰，以及新形成的、约呈圆形的饼状冰和牢牢固定在海岸线上的固定冰。

我们已经做好了潜水要做的一切准备，绑在身上的绳子与水面的船只相连，确保一旦我们被困在水中，地面辅助人员可以将我们拉出来。我们潜入了水中。水下的景象非常壮观，上方和周围都是大小各异的冰块，像是上下颠倒的山川和山谷。由海水运动形成的扇形或冠状的大块冰山向下延伸到海洋深处。当相邻的大块浮冰碰撞时，被挤出水面的冰块形成了碎冰堆，而水下则形成了冰脊（这与地质板块相互挤压形成陆地上的山川一样）。昏暗的蓝绿色光透过冰块射入海中，水下世界令人感到陌生而恐惧。

实际上，大多数有关冰层厚度的测量都来自卫星测绘，因此直接在浮冰上收集的数据对于监控冰盖融

上图　保尔·罗斯跳入冰水中，他将要在北极的浮冰下进行潜水。

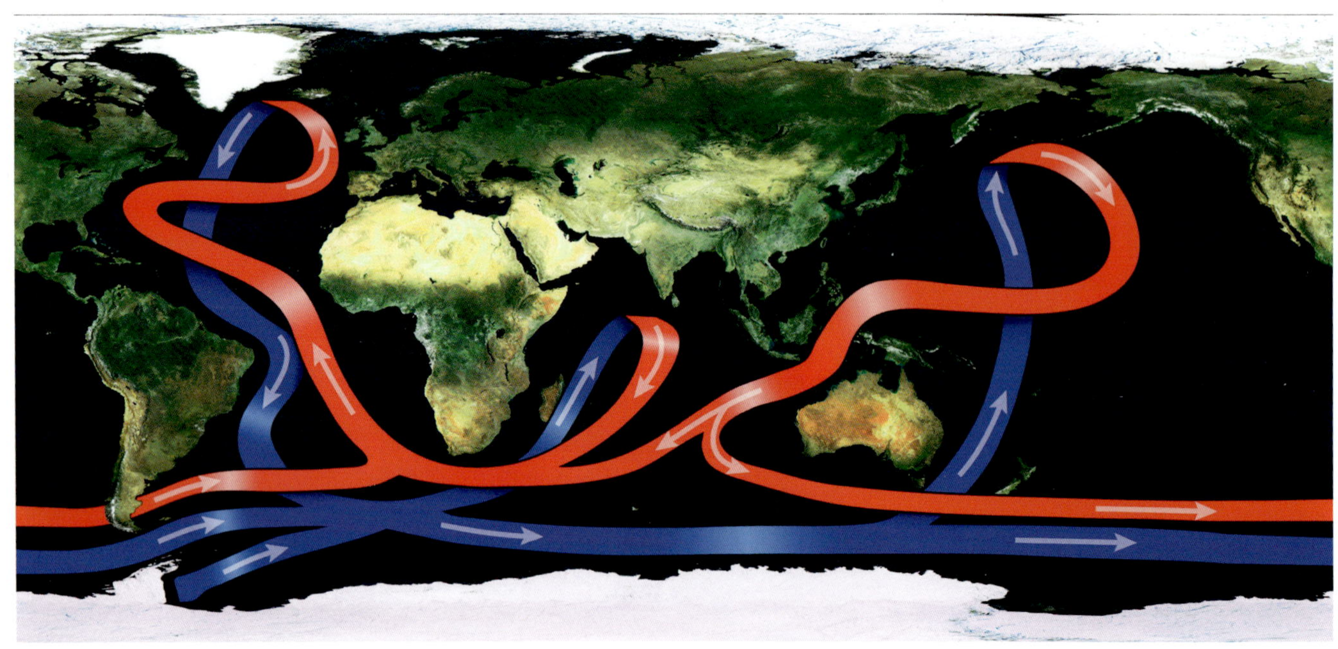

化速度来说是非常难得的。冰川的形成需要很多年。形成年头较长的冰川比刚刚形成的冰块更厚更稳定，因此刚刚形成的冰块最容易融化。

在水下，我们发现了冰川融化的迹象。这里的冰川在以惊人的速度变薄，在冰川融化的地方，形成了一个个蓝色的“小水池”，阳光可以从这些“小水池天窗”中照射进来。在冰山边缘我们看到了扇形的冰块，这是冰块向紧邻的地方进行热交换以及水流流动的结果。我们推测这块冰形成的时间并不长，因为从整体上来看，它比形成时间较久的冰川要平坦得多。此外，这块浮冰上没有出现大型的冰脊和深深的沟壑，这是由于它们还没有被水流侵蚀，因此边缘部分十分锋利，且参差不齐。这里薄冰层的含盐度比厚冰层的要高，因此它没有厚冰层那么蓝。这是因为盐分会从冰块中慢慢析出，仅仅剩下淡水的缘故。一些年代久远的冰块的含盐度已经降到了很低的数值，极地探险家们甚至可以饮用它们。析出盐分的淡水冰块对光的散射率不同，淡水冰或冰川通常呈蓝色。

我们通过在冰块表面钻孔来测量冰块的厚度，以及采集几块核心部分的样本。但首先我们要进行的是十分重要的“品尝试验”，像品尝美酒一样品尝处于中心位置的冰块融化后的海水，水的含盐度越高，说明冰块的形成时间越短。毫无疑问，这里的海水尝起来是咸的，而更加科学的盐浓度测试则确定了这块冰块非常“年轻”。为了进行更直接的测量，我们在这块大浮冰上钻了四个洞，然后将一条线顺着洞下放到冰块的底部，只要读数超过 2~3 米，便意味着这块冰年代很久远，已经存在了很长时间且不会轻易融化。但实际读数要远远小于我们的期望，4 个洞的读数分别为——1.76 米、1.60 米、1.56 米、1.65 米。这块大浮冰看起来是刚刚形成不久的，还很薄，不太可能存在了很长时间，这一结果也与卫星测绘相符。2008 年，北冰洋上到处都是薄冰，温度稍微升高一点就会使得它们融化，甚至有数据显示北冰洋永久性冰盖有被蚕食的趋势。据科学家估计，到 2030 年时，冰盖将会完全消失。

北冰洋冰盖的消失会产生一系列深远的影响。首先，由于海洋和陆地吸收了更多的热量，全球变暖的速度会加快，这会对地球上的大洋环流造成巨大的影响。地球上所有的大洋都是紧密相连的，形成了一个大型的海洋系统，强大的洋流就像传送带一样将热量和营养成分运送到地球的各个地方，而北冰洋就是大洋环流中的“发动机”。

前文提到，在海冰形成的过程中会有盐分析出，这使得海水的密度增大，这些高密度的冷水会下沉到海底并向大西洋移动，最终到达热带地区，在那里，这些冷水将热量从温暖的热带海域带到整个地球的海洋中。这整个系统被称为温盐环流系统，它对地球的热量分配起到了重要的作用。温盐环流会影响地球的气候和天气，进而直接影响我们每一个人的生活。一旦海冰减少，析出的盐分就随之减少，下沉的高密度海水就少，进而会减慢温盐循环的速度。

傍晚时我们聚集到船上，正好是 24 小时的极昼，刺眼的阳光让我们无法睁眼，这片空荡的白色荒野似

左页图·上　世界上的各大洋都是紧密相连的，形成了一个巨大的海洋系统。由于温度和密度不同，海水被带到地球的各个地方——也就是温盐环流系统。北冰洋是这一系统的“发动机”。从大西洋北上的海水在北冰洋冷却后，向南流入热带地区。

左页图·下　两块大浮冰相撞时，有些冰块会上升形成巨石一样的“小山”，这与地质板块互相挤压时形成地面的山川相类似。

上图 队员们在冰块中钻孔来测量冰块的厚度，采集冰块样本。冰块很薄，应该是刚形成不久的冰，非常容易融化。

乎与地球上的其他地方相隔很远。但我们知道，我们正位于地球气候“发动机”的中心，地球的安宁以及我们的生活都与这片与世隔绝的未知荒野紧密相关。

生机勃勃的春季

第二天，我们再次潜入冰块下方，这一次我们是要寻找这里的海洋生命。北冰洋是世界上最恶劣的生存环境之一，但奇怪的是，这里却生存有繁多的小型生命体，它们成功地适应了这里的极端条件。

北冰洋常年被冰雪覆盖，还会有极昼这种特殊现象，所以它的物理特性和生物特性都十分特殊，这里的生命形式要作出调整来适应这种环境。由于生物和冰块有着同样的温度，因此在寒冷的冬季，生物想要生存就必须避免体内形成冰晶。许多有机体的血液中都有一种特殊的蛋白质，其作用就像“防冻剂”一样。同时，它们会积累大量的脂肪或脂肪类物质，避免自己被冻成“冰棍”。此外，由于这里的食物稀少，一些生物已经进化到可以长达 10 个月不进食而保持生存。

不过，这里每年有一小段时间是用来繁殖的，这段时间被称为春季繁殖期。在此期间，冰块覆盖面积减小，太阳出现在北极上空，这里的生物充分利用了这点。富含养分的海水暴露在强光照下，使得浮游生物大量繁殖，它们沿着冰川的边缘生长，可延伸到 48 千米外。

微型海藻通常附着在冰晶或盐块上，在冰块的底部大量生长。冰藻的脂肪含量比浮游生物要高，因此是动物们的主要食物。微型海藻内部是更小的硅藻，这些硅藻含有能进行光合作用的色素，可以利用光照产生能量。硅藻被看作冰层中最重要的基础能量生产者，在北冰洋地区，有超过 200 种的硅藻。

北冰洋的春季繁殖期很短，并且越是靠北的地方，春季繁殖期持续的时间就越短，因此这里的能量虽然很大，但持续的时间却是有限的。北极的桡足类动物很好地适应了这种特殊的环境，这种小型无脊椎动物在繁殖期进食，以富含能量的脂质形式来储存能量。在春季繁殖期结束后，它们依赖这些存储的脂肪生活，同时也常年为食物链上的其他生物提供食物。

“卑微”的片脚类动物

我们所关注的生物几乎位于食物链的最底端——北冰洋片脚类动物。与这里的其他生物一样，这些微小的甲壳类动物早已适应了生活在条件极端恶劣且不稳定的浮冰中。由于有限的食物以及较低的气温，它们的新陈代谢速率非常慢，且为了在这种极端环境下繁衍后代，相比其他生物来讲，它们存活的时间更久，对于一些片脚类动物来说，5 岁才是性成熟期，同时，为了最大限度地提高繁殖成功率，雌性和雄性片脚类动物一生中的大多数时间都是紧密地挨在一起游动的。它们以一切东西为食，如海藻、水中的碎石，甚至可能是同类。据说，年幼的片脚类动物会在新的冰块上安家，以防被成年的同类吃掉。

片脚类动物极其重要，因为它们与北冰洋的其他动物息息相关。它们为极地鳕鱼这样的鱼类提供食物，而极地鳕鱼又是大型海洋动物，如海豹、鲸等的食物，而像虎鲸和北极熊这类顶级捕食动物又以大型海洋动物为食。由此可见，这是一条复杂的食物链，而这一切都是从海水中的一个微小生命开始的。

如果目前关于气候变化的推断是正确的，那么海冰覆盖量的减少将成为生活在其中的片脚类动物所面临的一个重要问题。一旦出现危机，这些微小的生物将会首先丧命。又由于它们是食物链中最基础的一环，它们的灭绝将会对北冰洋的所有生物，包括鱼类和北极熊在内，产生巨大的影响。

我们的任务是要收集片脚类动物以及其他生物的样本，以此来研究北冰洋生物的多样性。就目前来讲，我们所了解的有关北冰洋生物多样性的知识还十分有限，在很多重要的领域甚至还是空白，但由于北冰洋正在发生巨大的变化，调查这里的生物多样性已经成为一个紧迫的任务。收集生活在冰中及海冰中的生物样本并不是一件容易的工作，因为大多数生命都小到肉眼根本看不见的程度。但最终，我们还是成功收集了大量的样本。这些样本将被作为监控生物多样性变化的重要数据。

微小的片脚类动物蜷缩起来与大虾很像，它们是北冰洋非常重要的生物之一。冰层的减少令我们担忧北极熊的生存状况，但也许我们更应该担心这些“卑微”的片脚类动物。

移动着的威胁

科学家研究发现，北冰洋的生物还面临着另一个威胁。由于工业污染物的排放，我们在整个食物链中都发现了包括镉、汞、铯、铀、有机磷酸酯以及多氯联苯在内的多种有毒化学元素和物质。

从整体上讲，北冰洋的环境还没有受到严重的破坏，但污染物质还是被风或者洋流从南部的工业化国

右图·上 片脚类动物是北冰洋食物链中重要的一环，它们的存在确保了其他北冰洋动物能够生存下来。片脚类动物适应了浮冰的环境，也依赖于浮冰生存。但现在冰块覆盖面积的减少使它们陷入了极端危险之中。

右图·下 斯瓦尔巴群岛曾经的鲸渔场上还遗留有 17 世纪鼎盛期的贸易交易痕迹。这里曾经生活着很多鲸。

家带到了这里。由于这里的温度较低，污染物分解的速度比常温下要慢，同时，又由于缺乏光照，更加延长了降解过程。这两个因素增加了有毒化学物质进入食物链的概率。

更糟糕的是，这些毒素都是脂溶性的，而北冰洋的所有动物体内都囤积着大量的脂肪。从片脚类动物到北极熊，大部分动物的寿命都比较长，因此这些毒素在十分危险地向着食物链的高层慢慢延伸。此外，与陆地上的生态系统相比，北冰洋的食物链更为复杂、层次更多，处于食物链顶端的动物会吃掉所有被它们的猎物以及猎物的猎物所摄入的化学物质，使得毒素浓度不断增高。

与其他海洋相比，北冰洋的有毒化合物含量还是比较低的，但海豹已经受到了这些毒素的影响，并且这已经给捕食海豹的虎鲸以及北极熊都带来了很大的麻烦。没有人知道这些毒素会对北冰洋的动物最终产生什么样的影响，但在实验室所做的实验已经显示出了这些毒素对动物所产生的不利影响。起初，它们会干扰性激素的分泌，影响繁殖率以及新生儿的健康。随后，它们会阻碍免疫系统的功能，降低有机体对疾病的抵抗力，同时会导致皮肤和神经系统损伤，增加肿瘤的发病概率。虽然我们不能直接评估有毒化合物对这里的生物会产生多大的影响，但是实验所得的数据已经给我们敲响了警钟。当人们谈到污染时，连这片遥远的荒野也难逃厄运。

我们乘坐着“兰斯号”向南航行，即将离开浮冰前往斯瓦尔巴群岛海湾，在那里，我们将要寻找北冰洋中最迷人的海洋动物之一——白鲸。白鲸的名字来源于俄语的“belukha”，意思是“白色”，因为它们在夏季脱毛后，皮肤的颜色如鬼魂般苍白可怕。

−1.8℃的潜水

船身的颤动把我惊醒了，睡觉前，我们已经确认了船只牢牢地停靠在了岸边。我匆忙拿上一些工具跑到甲板上，在凌晨4点的刺眼阳光中进行检查。猛一看一切都很正常。我们的周围依旧被浮冰包围着，此时冰面上并没有风，我能够听到脚踩到冰面上的声音。但奇怪的是本应静止的船只却在大块浮冰上旋转。

望向船的左舷，我看到前方的线松动了，被我钻入冰中2米深的木桩现在平躺在浮冰的表面上。我弯下身子趴在桅杆上，看到一只北极熊一边发出咕哝声，一边把船中间的锚从冰里拔了出来。接着它迈着笨重的步子走向船尾的锚，想要彻底将我们的船"松绑"。我花了一段时间才领会到它要干什么，因此当我拉响警报时，它已经悠闲地走远了。

左页图　保尔·罗斯在冰冷的北冰洋海水中游动。令他十分惊讶的是，水下的能见度很低。生长在水中的茂盛的海藻降低了海水的能见度，同时也将这里的海水染成了绿色。

我们重新下锚时，我警惕地向地平线望去，看会不会出现更多的北极熊。不过，想要在冰上见到它们实在是太难了，因为它们与极地白皑皑的冰脊完美融为了一体。无奈，我们只得加强武装警卫，当我们不在冰面上时，他们要时刻保护我们的安全。我们用了好几天的时间终于在密集的浮冰中向北打开了一条通道。我们现在到达了位于北纬81°、距离北极869千米的地方。之所以来到如此靠北的地方，是因为我们需要潜入已经形成多年的冰块的下方，研究它的形成过程，收集生活在冰面下方的生物样本，此外，还要从冰块表面收集核心部分的样本，来协助美国国家航空航天局进行遥感实验。这意味着我们将要潜入−1.8℃的水中，这个温度是海水的冰点。

我喜欢为具有挑战性的潜水进行前期的准备工作，因为这种任务会使我的头脑变得异常清醒。在准备过程中，我能够集中自己全部的注意力，工作动力十足，因为这些都是我生活的意义。由于潜到冰块下方十分危险，所以需要缜密的计划，要考虑的问题也比在公海潜水多得多，包括所要用到的装备、潜水方式以及不容许有任何差错的安全规程。

在前往北极的行程中，我们一路遇到的都是坚硬的冰块，向南航行97千米后，我们找到了一个无冰小水池，长约7米，宽约2米。对于我们的潜水来说，这个水池实在是太完美了，它省去了我们切割开2米厚冰层的时间。我跳进水中，能见度非常低。我原以为这里的水会非常清澈，但事实上我只能看清几米远的距离，因为茂盛的海藻将这里的水染成了绿色。

当潜到冰块下方一段距离后，我几次尝试着屏住呼吸，看看能否听到鲸的歌声。在南大洋潜水时，我曾多次听到鲸的歌声，因此现在我非常希望能够在北极也听到它们歌唱。但我所听到的只是数十亿吨的浮冰移动时所发出的"咔咔"的摩擦声。这些冰块的移动是由波弗特流涡造成的，波弗特流涡是环绕整个北冰洋的巨大顺时针洋流。在气候和流涡的共同作用下，浮冰聚集在了一起，相互作用的过程中在海面和海底形成巨大的冰脊。我现在就潜游在这些冰下山脊中，它们就像是浮冰的龙骨。

沿着冰脊游动，我发现，在有

些地方，大块的浮冰彼此交叠，形成了山洞或者隧道。这些山洞里面是另一番景致，我再一次为北冰洋的美丽而赞叹不已。

从水池中出来，我看到地面辅助人员周围的环境似乎比我们水下的环境更加恶劣，冰面上刮起了呼呼作响的狂风，夹杂着雪花呼啸而来。我们在开始一系列的潜水前预先做了热身，之后才进行测量以及样本收集工作。

除了海藻之外，在第一次潜水时我没有看到其他生命。不久后，来自挪威极地研究所的科学顾问约尔根说，我们想要找的片脚类动物是白色的，所以我们显然看不到它们。第二次潜水时，我改变了采集技术，始终让网敞开着，并不停地在冰下挥舞，希望可以找到点什么。

到达北冰洋后，我们总觉得是在跟时间赛跑。冰块在迅速地消失。也许我们的有生之年，这里就已经完全变样了。轮船将会取道穿越北冰洋，而逐渐融化的冰块也会对地球其他地方的气候产生巨大的影响。因此，我们必须尽可能多地了解北冰洋生态系统。我很庆幸，即使是随意地挥舞一张大网，也可以为这里的研究作出一定的贡献。

我把网交给约尔根，希望这次能找到一些有用的东西，然后开始忙着调试我的潜水设备，整理岸上的辅助工具，并想着如何离开冰面，把船向南开。登船后有一大堆事情等着我去处理，但我实在抑制不住诱惑，去找了约尔根询问检查结果。“找到什么有用的东西了吗？”我装作漫不经心地问道。他指着收集罐说：“有啊！发现了一个新物种！”

右图　保尔·罗斯沿着浮冰的龙骨游动，看到了大块浮冰相交叠时所产生的冰下山洞和隧道。

观察鲸

和大多数北冰洋生物一样，白鲸也依靠这里的冰块生活。它们在冰川以及与海岸线相连的固定冰边缘附近捕食，也常以处于食物链最底部的小型片脚类动物为食。此外，片脚类动物是极地鳕鱼的食物，而极地鳕鱼又是白鲸的主要食物之一。

斯瓦尔巴群岛的白鲸出了名的害羞，它们非常不习惯与人类接触，甚至还会刻意躲避船只，因此即使它们的颜色使得它们非常容易辨识，但想要找到它们也非常困难。我们派出了两艘船前往白鲸捕食的地方进行彻底搜寻，但在刺骨的寒风中，经过了几个小时的观察和等待，我们还是没有见到白鲸，却发现了一只髯海豹在一块浮冰上休息。它所在地域的海底富含铁矿，致使它不停地用鼻子闻冰层，脸色看起来非常红润：海底含铁的沉淀物附着在海豹的胡须上，遇到空气后发生氧化，使得海豹的脸变成了姜红色。髯海豹在北冰洋非常常见，它们也是在这里生活的所有海豹中最大的一种，平均体重超过 200 千克。

但我们想要找的是白鲸而不是海豹。然而还是没有任何白鲸的迹象，我们感到有些沮丧。就在我们几乎要放弃的时候，突然有人看到在不远处的海面上有一些白色的物体出没——白鲸终于暴露在水面上了，而且还不止一只。白鲸是典型的群居型动物，通常是

下图　一群白鲸。这些生活在北冰洋冷水中的群居动物依靠冰块生活，在冰川边缘以及连接到海岸线上的固定冰周围捕食。

十几只白鲸聚集在一起活动。越来越多的白鲸出现在了我们附近，最后，大约有 30 只白鲸闪着白光在海湾处的水面游动，划出优美的弧线。

白鲸虽然不是体形最大的鲸，但一群白鲸同时出没还是给我们留下了深刻的印象。雄性白鲸可达 4.5 米长，重约 1 500 千克。它们极富才能：可以向前游，向后游，也能生活在浅水中。它们最神奇之处就在于它们相互交流时发出的咔嗒声、口哨声、啁啾声以及铿锵声，这些声音的声调都很高。

白鲸与海豚非常相像，它们的脸上也会带着友好而柔和的“微笑”。它们的头部呈很钝的方形，头上还有用来进行回声定位的“额隆”，“额隆”呈突出状，并且充满了油脂。“额隆”的形状可以自由变化，它是由吸入鼻窦中的空气的移动而产生的，由此也可以引起面部表情的变化。有人认为就像人类一样，白鲸这样做是为了表达不同的情绪，例如生气和高兴。

上图 “微笑的”白鲸常常被认为与海豚非常相像。它们头部前方含有鲸脂的“额隆”里有非常复杂且精密的回声定位系统。

右页图 这幅 19 世纪早期的画作描绘了捕杀鲸的场景，一个男人站在船头正准备投下他的鱼叉。

细心观察白鲸后，我们了解了它们是如何成功地适应了北冰洋的恶劣环境。原来，这些白鲸长有厚厚的一层鲸脂，它们利用鲸脂抵御外界冰冷的海水。鲸脂可以占白鲸体重的 40%，在白鲸的皮肤里层形成厚达 15 厘米的鲸脂层。白鲸的皮肤非常特殊，厚度是其他海洋哺乳动物皮肤厚度的 10 倍，是陆栖哺乳动物的 100 倍。这层像软木塞一样的皮肤能够隔绝外界的低温，储藏大量的维生素 C，也能保护白鲸免受冰块的擦伤。和其他生活在北冰洋的鲸（弓头鲸、独角鲸）一样，白鲸也没有背鳍。这样或许可以减小体表面积，防止热量流失，也可以令白鲸在覆盖冰层的海水中游动更自如。

最近，白鲸似乎只出现在开阔的海域或浮冰覆盖松散的地区，但卫星跟踪显示，它们会快速穿过浮冰相对密集的海域，到冰面较薄的海域进行捕食。实际上，它们十分善于寻找这些小型且冰面较薄的海域，但至今没有研究发现它们到底是如何做到的，只是推测这与它们的回声定位系统有关。

看到这些亲切友好的“小野兽”优雅且悠闲地穿越这片环境恶劣的海洋，我们将这里的严寒和所有的不适都抛在了脑后。目前，由于受到了保护，斯瓦尔巴群岛的白鲸生长繁衍状况良好，但在北冰洋的其他地方，商业性质的白鲸捕杀作业仍在继续，白鲸的数量也在持续减少。

多年来，捕鲸业已经对鲸的数量造成了不可恢复的严重影响。我们迎着暴风雪来到了斯瓦尔巴群岛沿海的史密伦堡村落附近，“史密伦堡”（Smeerenburg）意思是“鲸脂村”。这里曾经是北冰洋最重要的捕鲸地区之一，17 世纪是这里的鼎盛时期，现在却只剩下了空旷荒芜的海岸。这里的财富是建立在白鲸之上的：捕获、杀害以及加工鲸。

猎鲸的民族

站在沙滩上望向大海，我们很难想象这里曾经遍布鲸。17 世纪早期，这里庞大的鲸数量吸引了荷兰和英国的捕鲸人。当时，史密伦堡是荷兰的前哨，可以同时为多达 250 艘捕鲸船提供服务。在捕鲸业最旺盛的时期（大约是 17 世纪中叶），史密伦堡曾有 200 人居住。现在这里还遗留有大型熔炉，人们曾用它来提炼具有很高商业价值的鲸油。鲸油可以用于照明、取暖，制造肥皂、化妆品，还可以用作工业润滑

油。此外，鲸油还可以被用来制作绳子、布料以及纺织品，同时也是制作色素和燃料的混合剂。逐渐，人们发现，就连鲸嘴巴下方的顶部骨板也十分有用。这种骨板称为鲸须，是用来过滤浮游生物的。在维多利亚时代，人们利用鲸须作为骨架，制成一种女性胸衣，穿上身后从肩至腰都非常贴身。

最初，人们只在海岸附近捕杀鲸，然后在史密伦堡以及岸上的其他城镇进行加工。但随着捕鲸业的发展，人们开始在公海航行捕杀鲸，捕到鲸后剥皮（剥夺鲸脂），之后在船上煮沸加工炼制鲸油。

由于鲸油的价格非常高，捕鲸业发展得如火如荼。在 200 ~ 300 年间，有 122 000 头鲸被捕杀。很快，这里很少再有鲸出没，人们无法再以此谋生，鲸贸易也随之消逝。但在此之前，已经有许多种鲸灭绝了。其中受影响特别大的一种鲸是弓头鲸，也被称为格陵兰露脊鲸。这种鲸体积庞大，长达 12 ~ 18 米，重达 50 ~ 100 吨。尽管它们身躯巨大，但想要捕杀它们却非常容易，因为它们在水中游动的速度很慢。此外，它们死后不会沉入海中，而是浮在海水表面。它们拥有厚厚的鲸脂层，因此成为主要的猎取对象及杀害对象。斯匹次卑尔根岛附近曾经生活着 46 000 头弓头鲸，但它们最终被捕鲸业毁灭了。尽管鲸的贸易量已经减少，在 20 世纪 60 年代时甚至一度停止，但弓头鲸的数量却再也没有真正恢复过来。现在，整个北冰洋地区只有不到 10 000 只弓头鲸。

右页图　海象在陆地上看起来长得很丑，但在水下却令人感到惊叹。一只发育良好的海象长有长达 40 厘米的长牙，在求偶时，它们会利用这些长牙与情敌进行争斗。

海象的神秘乐园

相比来讲，同样生活在北冰洋的另一种动物却幸福得多：巨大、丑陋、肥胖，同时还长着长牙的海象。海象曾经也遭到过大范围的捕杀，人们猎取它们的肉、皮、长牙、脂肪以及骨头，到 19 世纪中叶，海象的数量大幅度减少。1952 年颁布了停止捕杀海象的规定，当时整个北冰洋只剩下不到 100 只海象，相当于处在灭绝的边缘。尽管现在海象的数量仍然不多，但它们已经受到了保护，生长和繁殖状况都良好。此外，由于这里的食物非常充足，它们的数量也在逐渐增加。简而言之，这里的每只海象都有足够的蛤蜊作为食物。

海象通常在浅水区进食，主要以蛤蜊和贻贝等生活在海底的双壳类软体动物为食。与贫瘠的陆地相比，北冰洋的海底则充斥着各种各样的海洋生命，尤其是浅水区。珊瑚藻（滤食性无脊椎动物）、海葵以及软珊瑚把海底装扮得五颜六色。冰冷的海水中含有丰富的营养成分，潜水员们在这里被生机勃勃的生命所包围。这里有大量的螃蟹、海参、海百合、海绵以及海象最爱吃的蛤蜊和贻贝。这里的海藻就像寒流中的巨藻一样茂盛，海葵和珊瑚闪烁着迷人的光彩。这片遥远的、与世隔绝的荒野再次颠覆了我们所有的预想。

探险即将结束，我们回到了温暖的地方。这次旅途我们遇到的是一片与众不同的海洋，它看似与世隔绝，却与世界上的每一个人都息息相关。这片海洋拥有极端恶劣的自然条件，却养育着丰富的生命。它看起来是那么的原始，好像从未遭到任何破坏，但实际上它已经受到了影响，这种影响来自我们对它的污染。

保尔·罗斯 VS 海象

图尼和我十分幸运，可以在沙滩上近距离观察大约 40 只海象。我们在海滩上顺着风走，这样它们就嗅不到我们的气味。我们的速度非常慢，以防被它们看到。除此之外，我们还需十分小心，不能处在它们与大海之间，以防它们回到海里时把我们踩扁。

这群海象都是雄性的，雌性海象和小海象在更靠北的浮冰区。海象的这一行为是一种扩大捕食地盘的策略，进而增加小海象的存活概率。海滩上的海象看起来都十分悠闲，相互紧紧挨着，彼此都非常友善。这种亲密的举动是它们之间主要的交流方式，但它们也会用“语言”进行交流，例如它们会发出喷气声、吸气声、咳嗽声、咆哮声、咕哝声、咔哒声、锉磨声，以及口哨声。

有些海象看起来是苍白色的，也许是它们刚刚经历了一次长时间的潜水捕食蛤蜊的缘故。通常，海象一顿饭会吃 2 ~ 3 天，在此期间，它们要进行大约 400 次潜水，吃掉令人难以置信的 20 000 只蛤蜊。在海滩上休息 20 小时后，它们会进行下一轮捕食。因此，海象拥有着令人羡慕的生活方式：3/4 的时间在海里捕食，另外的 1/4 躺在海滩上晒太阳。回到海里之前，它们恢复成了正常的棕色或粉红色。

我们完全忽略掉了当天寒冷的天气和呼啸的大风，因为能够亲眼看见海象在岸上活动实在是足够幸运了。但美中不足的是我们错过了在水下观察它们的时机，如果它们大多数时候都待在海里就好了，这样我们就能在海里观察它们。

猛烈的大风吹得海面波澜起伏，但我觉得我们有机会将观察笼放到靠近海滩的地方，那里的旋涡没有这么猛烈。海水看起来非常昏暗，但值得一试。我们花了好几个小时把笼子从海中拖过来，放置在了距离海滩大约 25 米的地方。

在为潜水做准备时，我理直气壮地对图尼说：这才是研究海象的真正方法。在岸上观察它们的感觉很好，但只有在水中才能真正研究它们的一举一动。虽然它们在岸上看起来长得很丑，但我从观察笼中看，它们在水下就像芭蕾舞演员一样。

图尼非常聪明地守在了船上，在那里他可以很好地从朝海的一面来研究海象。进入笼中的那一刻，我发现这项工作一点也不简单，这里的能见度只有 1 米。海象对我们非常好奇，三四只结成一队来到我身边打量我们，其中有些海象很年轻，牙还只有 10 厘米长。不一会儿，一只发育完全的雄性海象来到了我身旁，它的长牙足足有 40 厘米。在水中看着这些庞然大物向你游来

海象暴饮暴食的数据：

① 每次潜水捕食 5 ~ 7 分钟

② 每次潜水捕食 50 只蛤蜊

③ 潜水时每分钟吃掉 8 ~ 9 只蛤蜊

④ 每次潜水吃掉 0.8 千克蛤蜊肉

⑤ 每天吃掉 50~70 千克蛤蜊肉

⑥ 每个捕食期进行 400 次潜水

⑦ 每个捕食期吃掉 20 000 只蛤蜊

还是很令人害怕的。虽然它们体积庞大，但行动起来十分迅速，游动速度甚至可达到每小时 35 千米。

当我感到海象正在靠近我时，我沉入水中去观察它们，但什么也看不到。而我将头露出水面时，看到它们明明就在那里，只是进入水里时就什么也看不到了。我不知道它们在水中是什么样子的，但我想，它们一定拥有难以置信的能力，因为它们能够向捕食区快速游动。在海面上，我有幸与海象有面对面的接触，可以近距离观察它们的一举一动。我看到它们为了看到更大的视野范围而鼓起眼球，这种动作非常有趣。可它们离我太近了，我害怕它们中某一只的长牙会夹在我的笼子上方。最终，我不得不离开这些海象，我已经在这里待了一个多小时，却没有得到什么有价值的东西。

海象不仅仅在水下战胜了我，它们还在另一个重要方面取得了胜利：随着地球气候变暖，海洋中冰块的融化反而会使蛤蜊的数量急剧上升，这使得海象更容易找到食物，从而它们在海洋中出现的范围就会扩大。

下图　带着小海象的雌性海象与雄性海象分别待在海岸的不同地方，以此扩大它们的捕食区域——这一策略成功地提高了小海象的存活率。

第 232 页图　北冰洋的仲夏时节，24 小时皆是白昼。